U0384521

环保洪流中的绿色钢铁旗帜

——北京首钢股份有限公司超低排放之路

程　华　刘鸿志　黄文君　等/著

中国环境出版集团·北京

图书在版编目（CIP）数据

环保洪流中的绿色钢铁旗帜：北京首钢股份有限公司超低
排放之路/程华等著. —北京：中国环境出版集团，2021.12
ISBN 978-7-5111-4968-8

Ⅰ. ①环… Ⅱ. ①程… Ⅲ. ①首都钢铁公司—烟气
排放—污染防治—研究 Ⅳ. ①X757

中国版本图书馆 CIP 数据核字（2021）第 251479 号

出 版 人　武德凯
责任编辑　丁莞歆
责任校对　任　丽
封面设计　宋　瑞

出版发行　**中国环境出版集团**
　　　　　（100062　北京市东城区广渠门内大街 16 号）
　　　　　网　　址：http://www.cesp.com.cn
　　　　　电子邮箱：bjgl@cesp.com.cn
　　　　　联系电话：010-67112765（编辑管理部）
　　　　　　　　　　010-67147349（第四分社）
　　　　　发行热线：010-67125803，010-67113405（传真）
印　　刷　北京中科印刷有限公司
经　　销　各地新华书店
版　　次　2021 年 12 月第 1 版
印　　次　2021 年 12 月第 1 次印刷
开　　本　787×1092　1/16
印　　张　9.5
字　　数　180 千字
定　　价　59.00 元

中国环境出版集团郑重承诺：
中国环境出版集团合作的印刷单位、材料单位均具有中国环境标志产品认证；
中国环境出版集团所有图书"禁塑"。

编著委员会

序 言

习近平总书记在 2018 年 5 月召开的全国生态环境保护大会上明确提出，生态文明建设是关系中华民族永续发展的根本大计。近年来，随着火电行业超低排放的实现，钢铁行业已经成为污染物排放的第一大户。2019 年 4 月，生态环境部等五部委联合下发了《关于推进实施钢铁行业超低排放的意见》（以下简称《意见》），提出了明确的排放标准和完成时限。

钢铁行业的污染物排放与火电行业有很大的区别，有以下几个特点：一是污染物排放口众多，如一个年产 800 万 t 的钢铁企业的有组织排放口就有 200 个左右；二是流程长，钢铁长流程企业拥有焦化、烧结、球团、炼铁、炼钢、热轧、冷轧等多道工序；三是污染物排放种类多，除了颗粒物、二氧化硫、氮氧化物三种常规污染物，还含有 VOCs、二噁英、重金属等污染物；四是无组织治理难度大、排放点位多，每个钢铁企业都有几千个产生无组织排放的点位；五是物流运输量大，吨钢运输量在 4~5 t，有些区域难以实现铁路运输、海路运输等集中运输方式。

按照《意见》要求，要想实现全工序超低排放难度极大，从国内外的烟气治理技术来看，目前尚未有成熟的治理技术，各企业的环保设施基础、环保管理水平、职工操作水平参差不齐，存在很大的差异。实现全工序超低排放是每一个钢铁企业面临的巨大挑战。

首钢股份公司迁安钢铁公司作为特大型国有钢铁企业,在钢铁行业实施超低排放的过程中积极探索,公司领导高度重视,广泛深入调研国内外钢铁行业烟气治理技术,发明、引进多项治理技术,不断完善环保管理体系,实现了全工序的超低排放,为我国钢铁行业实现超低排放探索出一条可行之路。

作　者

2021 年 5 月

目　录

1 企业简介

1.1 概况

北京首钢股份有限公司（以下简称首钢股份）是首钢集团在境内唯一的上市公司。首钢股份于1999年10月由首钢总公司独家发起募集设立，1999年12月在深圳证券交易所上市（证券代码：000959）。

首钢股份拥有首钢股份公司迁安钢铁公司（以下简称首钢迁钢）及其子公司首钢智新迁安电磁材料有限公司（以下简称首钢智新电磁公司）、首钢京唐钢铁联合有限责任公司（控股）、北京首钢冷轧薄板有限公司等钢铁实体单位（本书以首钢迁钢和首钢智新电磁公司为主要对象，对首钢股份超低排放改造推进实施情况进行总体介绍）。首钢迁钢具有烧结、球团、炼铁、炼钢、轧钢等完整的生产工艺流程，拥有国际一流的装备和工艺水平，具有品种齐全、规格配套的冷热系全覆盖板材产品序列。其中，电工钢、汽车板、镀锡板、管线钢、家电板以及其他高端板材产品处于国内领先地位。首钢迁钢紧密跟踪客户需求，通过加强交货组织和质量管控、加快先期介入推进步伐、提高客户需求响应力度等措施，为客户提供优质产品和增值服务，获得"唐山市科学发展示范企业"荣誉称号。

首钢迁钢秉承首钢集团绿色环保的优良传统，在建厂伊始就提出了打造"循环经济型、节能环保型、清洁高效型"新一代冶金示范企业的目标，积极履行社会责任，推动绿色发展；全面构建循环经济体系，实现余热、余压、余气、固体废物循环利用；积极探索"碳交易"新方式，150 MW燃气蒸气联合循环发电机组（CCPP）成为国内钢铁行业首个自愿减排项目，首钢迁钢成为国内第一家进行碳交易的钢铁企业。

首钢迁钢坚持创新驱动和精品服务战略，建立健全产—供—销—研—用一体化运行协同体系，加快推进以汽车板、电工钢、镀锡板为重点的高端产品开发，持续优化品种结构，提升"制造加服务"核心竞争力，实现从产品制造商向综合服务商的转变，全面提高企业盈利能力和资本运作能力，努力成为具有世界竞争力的优秀上市公司。

1.2　装备配备

首钢迁钢覆盖钢铁生产的全部工序，主要生产装备包括 7 台带式烧结机、2 条链篦机回转窑球团生产线、2 座 2 650 m³ 高炉、1 座 4 000 m³ 高炉、5 座 210 t 转炉、2 250 mm 和 1 580 mm 热轧带钢机组各一套，以及配套的动力、发电、制氧等设施。其子公司首钢智新电磁公司拥有 1 条取向硅钢、1 条无取向硅钢冷轧生产线。首钢迁钢整体具备年产铁 780 万 t、钢 800 万 t、热轧板带钢 780 万 t、冷轧硅钢 150 万 t、冷轧汽车板 170 万 t 的生产能力，工艺技术设计采用 310 余项国内外先进技术和 40 项国家专利，充分体现了新一代钢铁企业生产流程动态有序、精准控制的先进理念，形成了一整套拥有自主知识产权的现代冶金技术和装备，达到了国际一流水平，其中开发形成的大型高炉长周期低成本稳定运行系列技术的各项经济指标稳居国内领先水平。首钢迁钢正逐步向"数字化炼铁"迈进，对大型高炉的驾驭能力稳步提升；开发形成的低成本高端高效洁净钢水冶炼系列技术在国内钢铁企业中率先实现了"一键式炼钢""一键式精炼"，并创造性地将"机器人"引入钢铁生产，强化了冶炼过程的质量控制，达到国内领先水平；开发形成的优质薄板生产工艺系列技术带动提升了不同系列、不同规格板卷板型控制水平和表面质量控制水平。

1.3　产品介绍

首钢迁钢坚持向世界一流水平看齐，具有品种齐全、规格配套的冷热系板材产品序列。汽车板产品实现了铝镇静钢、IF 钢、高强 IF 钢、烘烤硬化钢、低合金高强钢、双相钢、相变诱导塑性钢和热成型钢等全系列整车供货产品全覆盖，强度级别达到 1 000 MPa，与 50 余家国内外知名汽车厂建立了供货关系，市场占有率排名国内第二。电工钢实现了飞跃式增长，其中无取向电工钢实现了 4 个系列 67 个牌号的批量生产，在新能源汽车驱动电机、无人机电机、机器人伺服电机等新兴市场领域的应用逐步增长，单体生产基地产量全球第一，市场占有率排名国内第二，产品出口韩国、日本、意大利等 29 个国家和地区，国内每 2 台变频空调就有 1 台是用首钢电工钢制造的。取向电工钢实现了 500 kV 变压器常态化生产供应，在国网交流输变电最高电压等级 1 000 kV "双百万"项目上取得突破，成功应用于我国高铁首套智能化变电站。此外，首钢迁钢还自主集成了高磁感取向硅钢全流程生产装备，突破了电磁性能、板形尺寸、涂层质量控制等核心技术壁垒，成为全球第 4 家掌握低温板坯加热工艺生产高磁感取向硅钢技术的厂家，跻身变压器材料供应商世界第一梯队。

1.4 厂容绿化

首钢迁钢把抓好厂容绿化、美化作为树立现代化企业形象、创建示范企业的重要举措（图 1-1）。公司厂区绿化面积达到 119 万 m^2，绿化率达到 35%，道路及其他硬化面积 36.3 万 m^2，做到"非硬即绿"，栽植银杏、松柏等乔木 3.4 万株、灌木 38 万株、色带 3.2 万 m^2（81 万株）。厂区绿化由首钢园林公司专门设计，具有与周边建筑物契合度高、互相映衬的效果，绿树繁花中厂房雄伟挺拔。绿化指标达到国家园林式企业标准，获得了唐山市政府授予的"花园式工厂"、河北省住房和城乡建设厅授予的"河北省园林式单位"荣誉称号，还荣获了"全国绿化模范单位""全国冶金行业绿化先进单位"荣誉称号。

图 1-1　厂区环境

1.5 环保投资

首钢迁钢各生产工艺都配备了完善的环保设施：带式烧结机和球团链篦机回转窑采用逆流式活性焦脱硫脱硝一体化工艺和密相干塔脱硫+中低温选择性催化还原（SCR）脱硝工艺；高炉煤气净化采用干法除尘、深度洗涤工艺，其他炼铁除尘设备均采用干法布袋除尘工艺；转炉一次除尘采用"OG 法+湿式电除尘"和干法电除尘 2 种除尘方式，炼钢工序配备钢渣处理除尘、板坯精整等除尘设施，转炉二次除尘及炼钢环境除尘等均采用布袋除尘；热轧生产线配备塑烧板除尘器，冷轧生产线安装除尘、除雾装置。该公司还建设污水处理厂 2 座，日处理能力分别为 3.6 万 t 和 2.4 万 t，用于集中处理公司生产排水；同时，又建设 2 座中水脱盐水站，脱盐水回用于生产工艺，2018 年吨钢消耗新水 2.7 t，综合水循环率为 98.5%（图 1-2 和图 1-3）。所有治理设施均实现达标排放，环保设施 100%正常运行。

图 1-2 厂区污水处理站

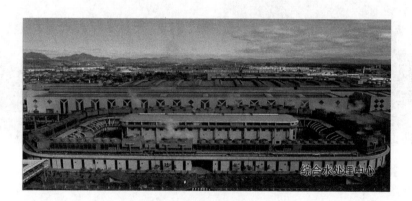

图 1-3 综合水处理中心

截至 2018 年年底，首钢迁钢环保投资为 92.88 亿元，占总投资的 16.1%。作为特大型国有企业，首钢迁钢一直把推动钢铁行业实现超低排放作为自己义不容辞的责任，领导高度重视、全员共同参与，围绕超低排放研发拥有多项自主知识产权的专利技术，持续提升环保管控能力。

2 谋划篇

2.1 超低排放改造的形势

2.1.1 去产能与供给侧结构性改革持续推进深化

2017 年，我国钢铁行业深入推进供给侧结构性改革，继续坚决贯彻落实党中央、国务院各项方针政策，分区域、分省市对落后产能与产能布局进行规划调整，钢铁行业化解过剩产能工作取得明显成效，优势产能得到释放。截至 2018 年年底，国家依法取缔了 700 多家"地条钢"企业，涉及产能 1.4 亿 t，提前 2 年高质量完成"十三五"时期去产能 1.0 亿～1.5 亿 t 的目标。

当前，大部分省（区、市）已经完成钢铁去产能任务，《产业结构调整指导目录（2019年本）》规定的落后产能已基本出清。未来，钢铁行业供给侧结构性改革最主要的工作就是巩固去产能成果，即持续高压打击新增钢铁产能（违规新建、批小建大、应退不退等）和严防"地条钢"死灰复燃。

我国钢铁行业加快创新研发，不断提升产品质量、品牌影响及服务能力，在国内外市场形成了很强的竞争力（表现为好产品、好价格、好品牌、好服务、好规模），也吸引了众多的海外需求。通过去产能目标任务的完成，钢铁行业发展秩序、竞争环境得以有效改善，行业经营效益、产能利用率得到大幅提升，迎来了发展环境最好的时期。但是，仅我国一个国家开展行动还不足以有效解决全球钢铁产能过剩的问题。可以预测，在不久的将来，产能过剩问题将更加突出。因此，钢铁行业供给侧结构性改革，特别是去产能工作，既是国家战略，也是行业发展趋势，仍将是未来很长一段时间该行业的主线工作。优势产业，特别是具有强大竞争力、环境效益优良的企业将成为产业的重要支柱。

2.1.2 愈加严格的环保政策推动钢铁行业超低绿色发展

近年来，新修订的《中华人民共和国环境保护法》和钢铁行业系列排放标准陆续发布实施，水、大气、土壤三大污染防治行动计划陆续出台，行政法令、规范标准的不断健全标志着我国环境保护工作驶入历史"快车道"。习近平总书记在全国生态环境保护大会上强调,"生态文明建设是关系中华民族永续发展的根本大计。""生态环境是关系党的使命宗旨的重大政治问题,也是关系民生的重大社会问题。"他还为绿色发展定出了"时间表",给出了"路线图":确保到 2035 年,生态环境质量实现根本好转,美丽中国目标基本实现;到本世纪中叶,实现人与自然和谐共生,生态环境领域国家治理体系和治理能力现代化全面实现,建成美丽中国。绿色发展被提升到关系人民福祉、关乎民族长远未来的政治任务的高度,成为我国"十三五"时期五大发展理念之一。

2017 年的政府工作报告指出,要提高污染物排放标准。同年,为有效应对重污染天气,环境保护部将京津冀"2+26"城市采暖季钢铁企业错峰生产作为重要举措,长三角、汾渭平原等重点区域陆续实施停限产。为切实改善空气质量,提升环境保护执法与重点区域停限产的科学性与合规性,2018 年 5 月生态环境部研究制定了《禁止环保"一刀切"工作意见》,明确提出要禁止平时不作为、临时"一刀切"的弄虚作假行为,同时严格禁止"一律关停""先停再说",并给予企业通过深度治理实现绿色发展升级、获得生产机会的鼓励政策。2018 年、2019 年两年的政府工作报告都提到,要全面推进钢铁行业超低排放改造,进一步加快企业提高治理水平、降低污染物排放的步伐。

2019 年 4 月,生态环境部等五部委联合发布《关于推进实施钢铁行业超低排放的意见》(环大气〔2019〕35 号,以下简称《超低排放意见》),推动钢铁企业加快行动,根据所在区域需求的紧迫程度逐步响应政策要求,实施烧结机机头、球团焙烧烟气脱硫脱硝、烧结机机尾、高炉矿槽及出铁场、转炉一次干法、二转炉二次高效除尘等有组织环节的环保改造工程,无组织排放管控也处于起步阶段,个别企业已先行一步开展试点工作,采用了对皮带通廊进行封闭,在皮带转运点增加收尘设施,在物料输送皮带机头、机尾等增加除尘与二次密闭等措施。

2.1.3　钢铁行业污染物排放量大

据测算,2017 年钢铁行业二氧化硫(SO_2)、氮氧化物(NO_x)和颗粒物排放量分别为 106 万 t、172 万 t 和 281 万 t,约占全国排放总量的 7%、10% 和 20%。随着环境治理力度不断加强,特别是燃煤电厂实施超低排放以来,火电行业的污染物排放量大幅下降,钢铁行业主要污染物排放量已超过电力行业成为工业部门最大的大气污染物排放来源。钢铁企业污染物排放对城市空气质量有显著影响,钢铁产能前 20 位的城市平均细颗粒物($PM_{2.5}$)浓度比全国平均浓度高 28%。《超低排放意见》的实施将稳步改变我国钢铁行业发展水平参差不齐的现状,降低钢铁行业大气污染物排放量,显著改善环境空气质量。据初步测算,到 2025 年《超低排放意见》任务全面完成后,钢铁行业 SO_2、NO_x、颗粒物排放量将分别削减 61%、59%、53%。

因此，不论是从总量分析，还是从区域影响分析，钢铁行业加严排放标准将会为排放总量削减作出巨大贡献，超低排放改造已经成为必然趋势。

2.1.4　全面超低排放存在的问题与解决路径

钢铁企业流程长、排污节点多、排污种类多、排放总量大，同时还被物料与产品运输比例大等诸多问题困扰，在不同排污节点的污染物特点不同，治理难度较大，要实现全面超低排放，就必须多点开花，采用有针对性、治理效果稳定的工艺设施。

从政策方面来看，2018 年河北省及唐山市下发的有关超低排放改造的文件中并未明确治理技术工艺，主要是对超低排放指标标准进行了确定，限定了达标日期。生态环境部等五部委出台的《超低排放意见》中，同样没有对如何具体落实、采用什么样的工艺技术等相关要求进行详细阐述。因此，钢铁企业对《超低排放意见》中提及的有组织排放技术路线选择、无组织控制措施要求等内容理解不到位，导致部分企业治理设施的工艺技术路线、重要设计参数、控制要求等与《超低排放意见》要求还有一定差距，治理设施的减排效果难以达到预期，特别是难以稳定运行，降低污染物排放水平的组合工艺、升级的环境绩效管理体系等可能仍无法满足稳定达到超低排放限值的要求。因而，选择合适的技术工艺、提高治理设施管控水平、提升超低排放达标率和实现长期稳定达标在有组织排放治理方面的重要性凸显，在无组织管控、清洁运输、监测监控等方面则需要下大工夫快速完善。

对于有组织排放治理，针对超低排放实施过程中的烧结机机头烟气 NO_x 治理、球团焙烧烟气协同一体化治理、高炉煤气精脱硫及转炉一次烟气深度治理等，目前国内大部分企业的现行工艺都无法控制排放节点的稳定达标排放。烧结机机头与球团焙烧烟气脱硫脱硝应选用高效一体化治理工艺，在保证脱硫后烟气 SO_2 排放浓度达 35 mg/m³ 以下的条件下，应确保颗粒物与 NO_x 排放水平可稳定达到 10 mg/m³ 和 50 mg/m³ 的超低排放要求；目前，鲜有企业开展对于高炉煤气源头的有机硫和硫化氢（H_2S）的精脱工作，导致下游高炉煤气用户（如热风炉、加热炉）废气中的 SO_2 排放可能达不到超低排放限值，因而应开展高炉煤气精脱硫工艺研究；转炉一次除尘若使用传统的转炉煤气干法（LT 法）工艺可达到 15 mg/m³ 的排放水平，若采用新转炉煤气湿法净化回收（OG 法）工艺则颗粒物的排放水平可控制在 30 mg/m³，能够达到 10 mg/m³ 以下排放水平的转炉一次除尘工艺目前还处于探索阶段，如何稳定达到这一排放水平将是未来钢铁行业绿色发展过程中的重点与难点。

对于无组织排放治理，当前重点区域中的绝大部分企业已开展原料料棚密闭、皮带通廊密闭与皮带二次密闭等工作，抑尘雾炮与除尘器收尘设施也已陆续配套，但均属于离散型的项目建设，尚不能形成一整套关于无组织排放综合管控的智能化系统，各个无组织排污节点都需要有人跟踪、操作，导致许多物料储运、输送节点在发生无组织逸散污染时不能及时有效地通过现有管控设施处理，这暴露了整个管控过程的严重滞后性与碎片化管理的现状，使整个厂区环境无法达到科学有效的空气质量监控网格化覆盖要求。因此，亟须从无组织源头开展清单梳理，进行包括过程监控与指令传达、末端收尘及抑尘、厂区空气质量监控等在内的管控治一体化系统研发来解决当前存在的这一关键问题。而在高炉料罐均压煤气净化回收方面，仍有40%～50%的低压均压煤气无法回收，亟须针对这一问题开展煤气全量回收相关技术研究。

有组织排放与无组织排放的智能管控平台建设、环境绩效管理体系搭建属于当前钢铁行业中尚待开发的智能决策系统工程，只有将有组织大气污染物的监测和监管与无组织管控治一体化智慧平台建设并行，形成一整套智能管控系统，才能实现对全厂产排污节点全面达标排放的精细化管控，引导企业从持续硬件投入转向深刻领会智能化与环境绩效管理协同的绿色发展初级阶段，最终向卓越环境绩效管理与智能化精准管控方向迈进，从而确保钢铁行业全面落实超低排放政策。

从监测监控技术方面来看，仍存在短板。当前，人工监测、在线监测仪器仪表大多使用原国家标准，仪器仪表的准确度、测量精度都相对较低。伴随施行超低排放，在排放指标极低的情况下，要求监测仪器仪表具有更高的准确度、测量精度和抗干扰能力，误差范围也应当进一步缩小。同时，在线监测设施运维单位资质、运维人员业务素质也是影响监测精确程度的重要因素，应当进一步规范第三方运维准入机制，加强运维人员技能培训，切实提高运维人员业务水平，提高监测的精准度。污染治理设施监控水平参差不齐，监控系统大多随污染治理设施同步设计、施工、调试，投入运行后很少变动，数据跟踪不及时、保存不完整、调取不顺畅，甚至不具备数据查阅功能，给过程控制和调查带来诸多不便。因此，建立完善的分布式控制系统（DCS）具有相当重要的现实意义。

从运输方面来看，钢铁行业是货物运输量最大的行业之一，生产 1 t 粗钢需要 4～5 倍的厂外运输量。由此推算，钢铁行业货运量为 40 亿 t 以上，占全国货运总量的 1/10 左右。据测算，2018 年钢铁行业因货物运输造成的 NO_x、颗粒物排放量分别为 30 万 t、4 万 t。目前，这些货物大多依靠公路运输，且 80%左右的运输工具为国三、国四排放标准的柴油货车，污染物排放量大。加之一些企业受地域局限无法使用铁路、水路等清洁运输方式，高排放标准车辆又严重不足，亟须大量新能源车辆，以促进排放标准低、污染物排放量大的车辆更新换代。

2.2 烟气深度治理调研

首钢迁钢自建立之初就高度重视环境保护工作。生态文明建设是中华民族永续发展的千年大计，蓝天保卫战已经圆满收官，环境保护重视程度、公众参与度不断提高，钢铁行业从业者早已深刻认识到实现钢铁绿色制造才能更好地发展。因此，围绕大气污染深度治理和超低排放，首钢迁钢做了大量细致工作。早在 2017 年的政府工作报告提出"提高排放标准"工作目标后，首钢迁钢就开始行动，针对深度治理改造难度最大的烧结机机头、球团焙烧烟气，多次组织首钢内部专家深入国内知名大型钢铁企业了解钢铁行业烟气深度治理情况，详细了解治理工艺技术、评估排放指标。

2.3　方案交流

首钢迁钢自 2017 年年底开始与日本住友、奥地利英特加等国际知名环保治理公司以及国内 10 余家环保治理高端企业进行了多次技术交流，特别是就当时已有的治理工艺应用所能稳定达到的排放指标、技术特点进行了细致探讨，并在此基础上认真筛选工艺路线。通过对河北省污染防治形势、钢铁企业分布等的细致分析，首钢迁钢大胆预测深度治理（超低）排放指标，基本与河北省 2018 年发布的《钢铁工业大气污染物超低排放标准》（DB 13/2169—2018）一致。超低排放改造文件正式出台时，首钢迁钢的前期工作已经准备完成。

2.4　技术路线的确定

在大量调研和技术交流的基础上，首钢迁钢充分结合实际，慎重选定技术路线。经全工序对标梳理，围绕实现超低排放确定了 70 个深度治理项目，总投资额达 16.5 亿元。一方面，引进国内外成熟的技术；另一方面，通过自主研发开发了多项具有自主知识产权的环保治理技术。

在治理难度最大的烧结机机头、球团焙烧烟气治理上，考虑节能降耗和稳定达标等多重因素，首钢迁钢采用了 2 种技术路线：①针对球团一系列和 360 m^2 烧结机机头烟气，鉴于原有密相干塔脱硫设施运行稳定、可以稳定达标的实际情况，采取新增中低温 SCR 脱硝工艺，同时进行密相干塔升级改造，最终形成电除尘+密相干塔脱硫+布袋除尘+中低温 SCR 脱硝治理工艺；②针对球团二系列和烧结老系统，采取国际最先进的逆流式活性炭脱硫脱硝一体化技术直接替换原有工艺进行深度治理。在环境除尘治理方面，广泛应用高效滤筒，在不改变除尘器箱体的基础上，实现增大过滤面积、降低过滤风速、提高捕集效率等多个目标。针对炼钢一次烟气原有 OG 法除尘系统难以满足新标准要求这一问题，首钢迁钢率先采用西马克湿电除尘工艺，成为国内第一家应用该工艺进行转炉煤气深度治理的企业。

在无组织管控治理上，首钢迁钢与柏美迪康公司合作开发了管控治一体化平台，利用鹰眼探头、TSP（总悬浮颗粒物）监测仪等远端探测器实现无组织排放监测，在相应区域增加了雾炮、水雾抑尘、清扫洒水车等设施，实现了无组织排放发现、治理一体化自动作业。

在清洁运输上，首钢迁钢充分利用迁安地区铁路线路，通过增加翻车机提高运力、强化与铁路部门合作增加车皮供应等多重手段，不断提高铁路运输比例。厂内物料采用皮带运输、气力输送等方式，全面降低汽运量。

参考文献

[1] 关于推进实施钢铁行业超低排放的意见[EB/OL].（2019-04-28）[2021-07-01]. http：//www.mee.gov.cn/ xxgk2018/xxgk/ xxgk03/201904/t20190429_701463.html.

[2] 张进生，吴建会，马咸，等. 钢铁工业排放颗粒物中碳组分的特征[J]. 环境科学，2017，38（8）：3102-3109.

[3] Yongmin Wang，Guangliang Liu，Dingyong Wang，et al. Refining mercury emission estimations to the atmosphere from iron and steel production[J]. Journal of Environmental Sciences，2016（5）：1-3.

[4] 张雅惠，张成，王定勇，等. 典型钢铁行业汞排放特征及质量平衡[J]. 环境科学，2015，36（12）：4366-4373.

[5] 马京华. 钢铁企业典型生产工艺颗粒物排放特征研究[D]. 重庆：西南大学，2009.

[6] Qianqian Chen，Yu Gu，Zhiyong Tang，et al. Assessment of low-carbon iron and steel production with CO_2 recycling and utilization technologies：A case study in China[J]. Applied Energy，2018（220）：192-207.

[7] Taira K. NO_x emission profile determined by in-situ gas monitoring of iron ore sintering during packed-bed coke combustion[J]. Fuel，2019（236）：244-250.

[8] 张军. 超低排放的湿法高效脱硫协同除尘的机理及模型研究[D]. 杭州：浙江大学，2018.

[9] 王亮，钟王君，王韬，等. 钢铁工业污染物超低排放及对策思考[J]. 冶金动力，2019，229（3）：9-11，37.

[10] SchwMmle T，Bertsche F，Hartung A，et al. Influence of geometrical parameters of honeycomb commercial SCR-DeNOx-catalysts on DeNOx-activity，mercury oxidation and SO_2/SO_3-conversion[J]. Chemical Engineering Journal，2013（222）：274-281.

3 实施篇

首钢迁钢紧跟政策、找准方向、持续发力，全面深入推进超低排放改造。2018 年的政府工作报告指出，要推进钢铁工业超低排放。唐山市迅速行动，陆续出台了《建设生态唐山、实现绿色发展实施方案》《唐山市钢铁、焦化超低排放和燃煤电厂深度减排实施方案》（唐气领办〔2018〕38 号）等一系列文件，全力推进超低排放。好钢用在刃上，首钢迁钢针对不能达到超低排放标准的排放口、无组织管控短板区域等，实施了包括行业普遍认可的活性炭脱硫脱硝一体化先进技术在内的超低排放改造和无组织排放治理项目共 70 项，总投资达 16.5 亿元。

为实现超低排放，首钢迁钢成立了以总经理为组长的专项工作组，以协调超低排放改造各方面事宜；为加快项目实施，还开辟了环保项目审批绿色通道，做到超低排放治理项目一律开绿灯，各部门审批时间按小时计算。同时，广泛动员，协调财务、交通、安全、工程甚至后勤、党建等所有部门的员工全部参与到超低排放深度治理工作中。

在重点项目建设过程中，公司领导干部靠前指挥、身体力行，成立了由公司领导挂帅的环保工程项目效能监察领导小组和由相关作业部室领导组成的效能监察工作小组，制定了环保工程项目效能监察方案。在人员安排上，使生产与建设同步推进，在面广点多、人员紧张的情况下，首钢迁钢打破朝九晚五和按部就班的常规，不少环节都是交叉作业、协同作战。在施工组织上，加强内部设计部门和外部施工部门间的沟通协调，坚持每周排计划，细化施工进度编排，逐天甚至逐小时设定时间节点；每天召开协调会，一事一议、一事一办、一日一结；严格奖惩制度，先进必奖、落后必罚，调动力量，激发能量。

不以事艰而不为，不以任重而畏惧。全工序超低排放既是机遇也是挑战，首钢迁钢凭借"赶的意识、超的魄力、争的劲头和拼的勇气"，横下一条心、拧成一股绳，干部职工不辩解、不质疑、不畏难，不断自我加压，迎难而上，在 6 个月的时间里完成了同类型企业 14 个月的工程量。用首钢速度撑起转型发展的风帆，兑现了首钢迁钢持续绿色引领的誓言！

　　凡事预则立。通过前期充分的调研分析和建设过程的精心管控，首钢迁钢较快且稳定地实现了超低排放。可以说，首钢迁钢为实现超低排放所使用的资金总额非常可观，但并非不可接受。污染治理设施持续高效运行，稳定达到超低排放，吨钢成本也控制在预期目标范围内。

4 运行篇

4.1 有组织排放治理技术

4.1.1 源头治理，过程管控

1. 高炉煤气净化技术

高炉煤气中的硫主要分为无机硫和有机硫两类。其中，无机硫以 H_2S、SO_2 为主，有机硫以羰基硫（COS）为主。实验证明，氢氧化钠（NaOH）溶液基本可以去除无机硫，但对有机硫的去除效果仍处于研究阶段。高炉煤气中的氯化氢（HCl）、H_2S、COS 等酸性物质对系统的腐蚀性较大，所以当高炉煤气通过除尘净化颗粒物后，需再经过 NaOH 喷淋洗气，以去除煤气中的无机硫，使煤气中的酸性介质溶于水，并随洗涤水排出。高炉煤气洗净塔即是针对此需求开发出的新型设备，可完全满足高炉煤气脱除酸性介质的工艺要求。煤气管网中的冷凝水的 pH 控制在 7~8，也能将大部分 H_2S 等酸性硫化物脱除，从而降低高炉煤气燃烧后烟气中 SO_2 的排放量。

有机硫反应过程：$H_2S+2NaOH{=\!=\!=}Na_2S+2H_2O$

$$SO_2+2NaOH{=\!=\!=}Na_2SO_3+H_2O$$

$$SO_3+2NaOH{=\!=\!=}Na_2SO_4+H_2O$$

COS 可以与水发生水解反应：$COS+H_2O{=\!=\!=}CO_2+H_2S$

但其固有的水解速率常数很低，在 25℃时仅为 0.001/s。近年来的许多研究表明，在碱（NaOH）存在的情况下该反应如下：

$$COS+4NaOH{=\!=\!=}Na_2S+Na_2CO_3+2H_2O$$

可分解为：

$$COS+H_2O{=\!=\!=}CO_2+H_2S$$

$$CO_2+2NaOH{=\!=\!=}Na_2CO_3+H_2O$$

$$H_2S+2NaOH{=\!=\!=}Na_2S+2H_2O$$

通过动力学研究表明，COS 水解反应为一级不可逆反应。

高炉煤气洗净塔的工艺流程如图 4-1 所示。煤气从塔底部进入，依次经过塔内的配气格栅、雾化水、碱液雾化水、脱水填料，从塔顶部送出后进入管网，煤气中的大部分酸性物质（HCl 等）和大部分的 H_2S 经过塔内雾化水的冲洗及碱液雾化水的中和脱除，随塔下部的水排至水处理设施。碱液可重复使用，喷碱液量根据酸性物质原始条件进行计算，配有碱液制备及雾化喷雾系统。若考虑燃气降温的需求还可适量喷水。

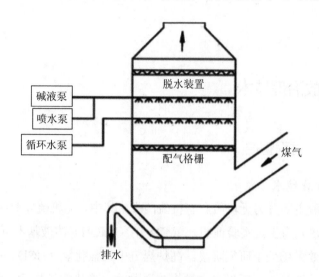

图 4-1　高炉煤气洗净塔示意图

以首钢迁钢 $1^\#$ 高炉为例，主要设计参数如下：

- 高炉煤气发生量：$50 \times 10^4\ m^3/h$。
- 高炉煤气含尘量：$8 \sim 10\ g/m^3$。
- 炉顶压力：0.2 MPa（正常），0.25 MPa（最大）。
- 工况系数：（165℃、0.2 MPa）0.53。
- 布袋除尘入口温度：120～220℃（瞬间 300℃）。
- 净煤气含尘量：$\leqslant 5\ mg/m^3$。

洗净塔主要性能及规格参数如下：

- 处理能力：$50 \times 10^4\ m^3/h$。
- 煤气压力：12～14 kPa。
- 入口煤气温度：80～150℃。
- 出口煤气温度：40～45℃［高炉煤气余压透平发电装置（TRT）运行时］，
  45～50℃（TRT 不运行时）。
- 脱水填料层高度：300 mm。
- 塔体直径：$\phi\, 6\,000\ mm$。

- 塔体高度：约 25.3 m。
- 喷碱液量：5～15 t/h（0.6～1.2 MPa），其中 20% 碱液 0.2～0.3 t/h。
- 洗涤水流量：120～240 t/h（0.8 MPa）。

高炉煤气洗净塔的工艺系统主要包含洗净塔、循环水系统、回用水系统、碱液系统，洗净塔内从下到上依次设置配气隔栅、洗涤水喷头、碱液喷头、工业回用水喷头及耐酸填料等，并设置三层洗涤水喷嘴，高炉煤气从塔下部进入，以逆流方式被三层喷淋降温同时去除其中的酸性物质，再经过塔上部的填料脱除部分机械水后并入净煤气管网。

首钢迁钢委托有资质的单位对高炉煤气成分进行监测分析（表 4-1），结果表明煤气中的无机硫通过碱洗后几乎全部去除，高炉煤气用户（包括炼铁热风炉、热轧加热炉、发电机组等）排放的 SO_2 基本是在有机硫燃烧过程中产生的。因此，应在源头控制焦炭、喷吹煤以及矿石硫含量的基础上，进一步采用高炉煤气净化技术，在提升煤气质量、减少杂质及有害物质的同时，为后续的高炉煤气用户创造良好的排放条件。

表 4-1 煤气成分分析结果　　　　　　　　　　　　　　单位：mg/m^3

设施名称	硫化氢	羰基硫	甲硫醇	乙硫醇	甲硫醚	二硫化碳	丙硫醇	甲乙硫醚	乙硫醚	丁硫醇	二甲二硫醚
炼铁热风炉 1	<0.1	51.2	<0.2	<0.3	<0.6	<0.3	<1.0	<1.9	<0.7	<0.6	<1.2
炼铁热风炉 2	<0.1	44.4	<0.2	<0.3	<0.6	<0.3	<1.0	<1.9	<0.7	<0.6	<1.2
炼铁热风炉 3	<0.1	27.0	<0.2	<0.3	<0.6	<0.3	<1.0	<1.9	<0.7	<0.6	<1.2

2．焦炉煤气精制技术

高炉煤气采取净化措施后，为了保障焦炉煤气用户的高质量运行及污染物达标排放，首钢迁钢采用"粗精两段串联塔式全干法"焦炉煤气净化精制工艺，使焦炉煤气原料气经过两级脱硫系统后，进入再生脱萘系统进行脱萘处理，含杂质再生尾气进入厂区管网，净化产品气供给 CCPP 加压系统及高压焦炉煤气系统（图 4-2）。

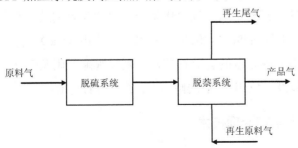

图 4-2 焦炉煤气脱硫脱萘示意图

（1）脱硫工艺

焦炉煤气脱硫主要采用圆柱形脱硫塔（T101A1/2～E1/2）在线两级脱硫工艺，每一级的每一组脱硫塔均可在两级之间前后切换，该流程能够确保新装的脱硫剂始终放在最后一级，以保证最高的脱硫精度。现以 A、B 两组并联为一级脱硫，C、D 两组并联为二级脱硫，E 组离线更换脱硫剂为例进行说明：粗煤气先从 A、B 两组脱硫塔底部入口阀进入，同时经过 A、B 脱硫塔的三层脱硫剂脱除大部分 H_2S 后，从 A、B 脱硫塔顶部出口流出，通过一级脱硫煤气总管分别进入 C、D 两组脱硫塔，经过 C、D 脱硫塔的三层脱硫剂后煤气中剩余的 $H_2S \leq 15\ mg/m^3$，煤气经 C、D 脱硫塔顶部的二级出口阀进入二级脱硫煤气总管，然后进入脱萘工序。

（2）脱萘工艺

脱萘工艺主要是在脱萘塔内装填活性炭，通过活性炭吸附脱除焦炉煤气中的苯和萘。该工艺为两开一备（两组四塔并联在线脱萘，一组两塔离线再生）的 3—2—1 流程，任一时刻均可保证有两组四塔处于在线并联运行状态，不仅保证了脱萘吸附剂所需要的空速及阻力降，同时保证了煤气精制装置出口的萘含量＜$50\ mg/m^3$ 的工艺指标要求。每座脱萘塔的吸附剂均采用三段装填，尽量避免吸附剂的粉碎和脱萘剂因平面阻力分布不均导致的"沟流"，从而减少阻力，提高脱萘剂的使用寿命。

3．原燃料的质量及配料控制

球团、烧结生产的主要原料为铁精粉和粉矿，对进厂物料的质量把控非常重要，应选用低硫原料，通过优化资源配比降低脱硫脱硝系统入口硫含量是控制污染的重要手段，同时还能降低入高炉烧结矿及球团矿的含硫量。其中，铁精粉来源于首钢集团有限公司矿业公司（简称首钢矿业公司）的铁矿，含硫量≤0.1%；粉矿主要来源于巴西矿和澳大利亚矿，主要指标控制在全铁（TFe）60%～65%、含硫量≤0.05%。球团工序、烧结工序和高炉的燃料为焦粉和煤粉。其中，煤粉采用山西低含硫量的晋城洗沫煤和无烟洗沫煤，含硫量≤0.4%。综合燃料含硫量应控制在≤0.6%。综上两点，通过使用低硫原料和燃料，合理调节配比能够大幅降低烧结烟气中 SO_2 的产生量。

确保外购脱硫剂消石灰的进厂质量是控制 SO_2 持续稳定达到超低排放标准的关键因素。目前，烧结、球团密相干塔烟气净化系统使用的脱硫剂是消石灰，其主要成分应控制在粒度≥95%、含水量≤2%、含硫量≤0.3%、氧化钙（CaO）含量≥83%。

对原燃料及辅料中硫含量的有效管控，可减轻脱硫脱硝及煤气净化系统的压力，为各工序的生产冶炼以及煤气用户达标排放奠定了坚实的基础。

4.1.2 烧结工序污染物治理技术

首钢迁钢烧结车间由一烧结和二烧结 2 个车间组成，共计 7 台带式烧结机生产线，年产烧结矿 1 150 万 t。一烧结车间拥有 6 台烧结机生产线，采用机上冷却工艺，设计年产能力 800 万 t。整条生产线有环保设施 21 台（套），包括 6 台 200 m² 机头静电除尘器、6 台 185 m² 机尾静电除尘器、7 台环境除尘器、2 套逆流式活性炭脱硫脱硝（CSCR）工艺。二烧结车间拥有 1 台烧结机生产线，采用环冷机冷却工艺，设计年产能力 370 万 t。整条生产线有环保设施 21 台（套），其中包括 2 台 310 m² 静电除尘器、3 台环境除尘器、2 套密相干塔脱硫+中低温 SCR 脱硝工艺。

1. 烧结工艺流程

烧结矿生产流程主要由原燃料储存、配料混合、烧结、冷却、破碎、筛分等工序组成（图 4-3）。

（1）原燃料储存

铁精粉以首钢矿业公司铁矿生产的铁精粉为主，并辅以部分外矿，由皮带输送设施送至烧结配料室；所需焦粉为高炉筛下物，无烟煤由公司采购，通过皮带输送设施送至烧结配料室；熔剂白灰一部分来自本厂白灰窑，一部分来自外购，由灰罐车运至烧结配料室；灰石和白云石由公司采购，通过破碎筛分后送至烧结配料室；烧结返矿由返矿皮带机输送至烧结配料室；机头、机尾等部位的除尘器收集的除尘灰由皮带输送设施送至烧结配料室重新利用。生产所需散装物料全部进棚、进仓封闭存储，无露天堆存，料棚内采用雾炮+喷淋抑尘。

（2）配料混合

将混匀的铁精粉、熔剂、燃料和返矿等按设定的比例在配料间采用可调速圆盘给料机和电子皮带秤自动称量、自动配料后成为混合料。混合料采用二段混合方式，先进入一次混合机混匀、加水，然后进入二次混合机混合造球。造球后的混合料由胶带机卸至烧结缓冲料仓，由圆辊给料机均匀地铺到烧结台车上。

（3）烧结、冷却、破碎

将烧结台车上的混合料进行点火烧结，一烧结车间、二烧结车间均采用焦炉煤气、高炉煤气作为烧结点火燃料，点火温度为 1 150℃左右，炉膛处于微负压状态。烧结台车上的混合料经点火后，在抽风负压作用下进行烧结，烧结过程自上而下进行。一烧结车间的烧结矿在机上冷却，二烧结车间的烧结矿经环冷机冷却，冷却后的烧结矿通过机尾破碎机破碎。

（4）烧结矿筛分

为了获得含粉料少、粒度均匀的烧结矿，应对冷却后的烧结矿进行两次筛分。一次筛分中 10～20 mm 的烧结矿由皮带机送往烧结机作铺底料，大于 20 mm 的烧结矿作为大成品由皮带机送往成品仓；小于 10 mm 的筛下物进行第二次筛分，筛分后小于 7 mm 的粉末作为返矿返回配料室重新参与烧结配料，其他作为小成品由皮带机送往成品仓。

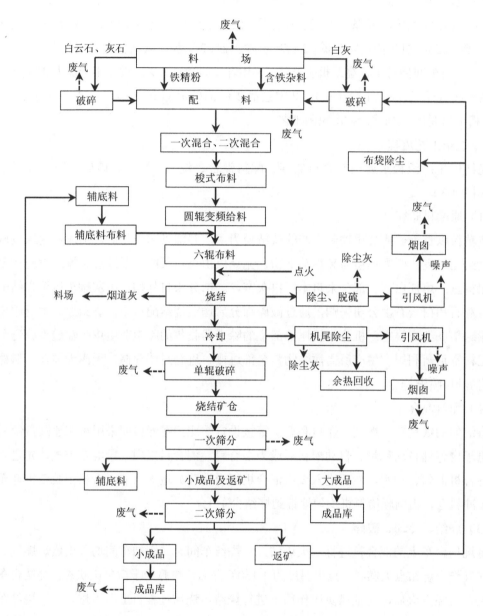

图 4-3 烧结生产工艺流程

2．烧结机脱硫脱硝工艺

（1）CSCR 工艺

一烧结车间的烟气脱硫脱硝系统采用目前世界上最先进的第二代 CSCR 工艺。烟气自烧结机主抽风机后引出，进入脱硫、脱硝系统处理后由烟囱排放。通过解析塔内的加热解析，活性炭可再生循环使用，富酸烟气送至制酸工段，用于生产 98% 的浓硫酸。

活性炭由塔顶加入，在重力和塔底出料装置的作用下向下移动，依次通过脱硝段和脱硫段。吸收了 SO_2、NO_x、二噁英、重金属及粉尘等的活性炭先经过风筛筛分，筛上的大颗粒活性炭通过链斗输送机送到解析塔进行解析，活性炭吸附的 SO_2 被解析出来送往制酸系统制成 98% 的浓硫酸，解析后的活性炭出解析塔经振动筛后通过链斗送机输送到吸附塔循环使用，至此完成整个系统的物料循环过程。因移动磨损等原因，每日需要补充活性炭 40 t。筛下的小颗粒活性炭、粉尘送入粉仓，经气力输送装置或吸排车输送至烧结配料室作为燃料使用。工艺流程如图 4-4 所示。

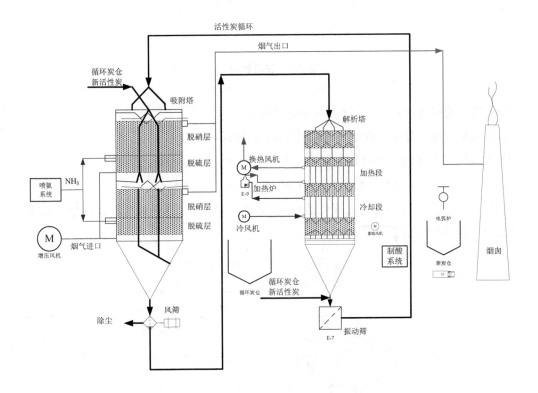

图 4-4　CSCR 工艺流程

①活性炭脱硫脱硝工艺原理

脱硫原理：活性炭净化法利用活性炭吸附性能，能同时吸附多种有害物质，如 SO_2、NO_x、二噁英、重金属及粉尘等（图 4-5）。

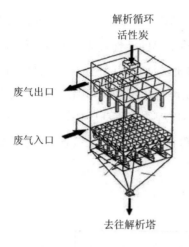

SO₂ 去除

$$SO_2 + 1/2O_2 + H_2O \xrightarrow{AC} H_2SO_4$$

二噁英去除

二噁英吸附于活性焦

图 4-5　脱硫原理

SO₂ 吸附的具体过程如下（*表示吸附状态）：

物理吸附（SO₂ 分子的向活性炭细孔移动）：$SO_2 \longrightarrow SO_2^*$。

化学吸附（在活性炭细孔内的化学反应）：$SO_2^* + O^* \longrightarrow SO_3^*$。

向硫酸盐转化：$SO_3^* + nH_2O^* \longrightarrow H_2SO_4^* + (n-1)H_2O^*$。

脱硝原理：活性炭的脱硝过程包括 SCR 反应和 SNCR（选择性非催化还原）反应。

脱硝原理如图 4-6 所示。

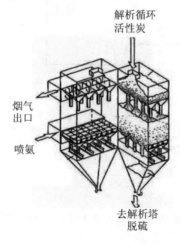

NO_x 还原过程

$$4NH_3 + 6NO \xrightarrow{AC} 5N_2 + 6H_2O$$

$$\Delta H_R^\circ = -1\,808.94 \text{ kJ/mol}$$

$$8NH_3 + 6NO_2 \xrightarrow{AC} 7N_2 + 12H_2O$$

$$\Delta H_R^\circ = -2\,732.96 \text{ kJ/mol}$$

$$4NH_3 + 4NO + O_2 \xrightarrow{AC} 4N_2 + 6H_2O$$

$$\Delta H_R^\circ = -1\,623.36 \text{ kJ/mol}$$

$$4NH_3 + 2NO_2 + O_2 \xrightarrow{AC} 3N_2 + 6H_2O$$

$$\Delta H_R^\circ = -1\,597.41 \text{ kJ/mol}$$

图 4-6　脱硝原理

脱硝过程的主要反应过程如下：

SCR 反应：$NO + NH_3 + 1/2 O^* \longrightarrow N_2 + 3/2 H_2O$。

SNCR 反应（与脱离时生成的还原性物质直接反应）：$NO + C...Red$（活性炭表面的还原性物质）$\longrightarrow N_2$。

②稳定运行优化技术

原燃料源头控制：为保证脱硫脱硝设施的稳定运行、达到超低排放要求、减少外排污染物含量，首钢迁钢对烧结配料定期进行成分分析，烧结配次低硫煤以控制脱硫脱硝系统入口的 SO_2（900 mg/m³ 以下）和 NO_x（300 mg/m³ 以下）浓度，从而减少脱硫脱硝系统的负荷，达到超低排放标准要求。

活性炭质量控制：活性炭质量对脱硫脱硝性能及系统的安全运行至关重要，因此应严控活性炭的质量。首钢迁钢组织制定了《煤质颗粒活性炭质量标准》（目前国内能够达到的较高标准），严格按该标准进行采购和检验，以确保活性炭质量的稳定和达标（图4-7）。

图4-7　活性炭成分指标

运行指标控制：一烧结车间脱硫脱硝系统的吸附塔压差控制在 3.0 kPa 以上、脱硫层压差控制在 0.7～0.8 kPa、脱硝层压差控制在 1.1 kPa 以上能够有效避免因烟气流速低造成的模块热点生成；吸附塔模块烟气进口温度应控制在 130～140℃，为了保证活性炭催化性能，目前烧结吸附塔入口烟气温度控制在 133℃；解析塔脱气段温度控制在 390～450℃，脱气段负压为 -0.3～-0.1 kPa，当脱气段出口温度控制在 350℃以上、回热风机出口温度控制在 250℃以上时，活性炭解析效果较好；根据活性炭脱硫脱硝一体化工艺技术特点，应定期对解析前后的活性炭含硫量进行监测，以摸索运行规律。

③技术特点与优势

第二代 CSCR 工艺安全、稳定、可靠。其优势在于，一是活性炭自上而下流动、烟气自下而上流动，活性炭与烟气逆流接触；高 SO_2 浓度的烟气与即将排出的活性炭均匀接触，活性炭饱和度好，再生负荷小；新活性炭和再生活性炭与排出烟气接触，烟气处理效果好。二是两个模块之间、脱硫脱硝单元之间全部纵向叠加布置，节省占地。三是吸附塔为单元模块化设计，每个单元出入口均设有隔离设施，当其中一个单元需要检修时可以关闭，待冷却通气后可从人孔进入检修，这种设计具有作业率高、操作灵活、系统运行稳定等优点。

④运行效果

一烧结车间原有的脱硫工艺采用石灰-石膏法进行脱硫，没有脱硝工艺。随着环保形势日益严峻，国家五部委印发了《超低排放意见》，为了达到超低排放标准，首钢迁钢组织考察学习，结合自身特点，于 2018 年 5 月开始进行脱硫脱硝改造，2019 年 1 月新设备投入使用，颗粒物、SO_2、NO_x 稳定达到超低排放标准。

（2）密相干塔脱硫+中低温 SCR 脱硝工艺

二烧结车间原来配有密相干塔脱硫设备，但是以生石灰为脱硫剂的半干法脱硫无法满足超低排放要求。根据密相干塔脱硫技术基本原理，开展了以熟石灰为脱硫剂的深度脱硫工业试验研究和中低温 SCR 高效脱硝技术研究，并取得成功。

①脱硫脱硝工艺

烟气经电除尘后被送入脱硫塔上部，与经过加湿后的脱硫剂消石灰一起从脱硫塔的顶端向下流动，在运动过程中熟石灰与水、SO_2 进行一系列反应，反应后的物料沉积在脱硫塔和除尘器底部的物料集灰斗内，大部分脱硫灰通过机械输送装置送到脱硫塔顶端加湿，然后继续参加循环，少部分从过渡仓底部的集灰斗排出作为脱硫副产物。脱硫后的烟气经过布袋除尘器后进入 SCR 脱硝反应器，经 GGH（烟气-烟气）换热器和加热炉将烟气温度升至 280℃左右，反应器入口喷入氨，经催化剂层将 NO_x 还原成氮气（N_2）和水（H_2O），净化后的烟气经 GGH 换热器换热后经增压风机送入烟囱排放。工艺流程如图 4-8 所示。

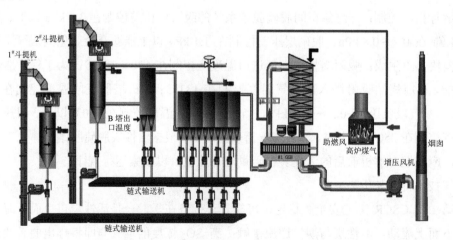

图 4-8 密相干塔脱硫+中低温 SCR 脱硝工艺流程

②脱硫系统升级改造

经过理论推算和实验研究，原有脱硫系统达到排放标准，需要进行以下改造：用脱硫效率更好的熟石灰来取代生石灰，同时增加脱硫系统物料的循环量；采用更加高效的物料加湿方式，使水分与脱硫剂充分接触，反应更加完全；在吸收塔的入口处增设导流装置，保证塔内物料分布更加均匀。

③除尘、脱硫、脱硝工艺过程控制

电除尘高压控制柜二次电压控制在 40～72 kV，电流控制在最大值（即临界闪络点处）；主抽风机负压不超过 15.5 kPa，风机入口温度为 120～180℃，能够有效控制烟气进入脱硫系统的流速、温度。

脱硫塔入口负压控制在 -700～-400 Pa，斗提机电流控制在 45～85 A；加湿机加水量随斗提机电流调整，单系列加湿水量≤10 t/h；单加湿机加湿水量≤5.0 t/h；入布袋除尘器前的温度达到 95～130℃，确保脱硫剂与烟气同向运动并进行充分混合，延长反应时间，最大化地利用过程灰中的有效成分。

布袋除尘器随主抽风机作业，作业率为 100%；脱硫塔顶部滤袋材质升级，由原来的 PPS 统一更换成耐高温 PPS 覆膜针刺毡材质布袋，布袋除尘器喷吹压力控制在 0.15～0.25 MPa，有效延长布袋使用寿命，确保系统运行安全稳定。

SCR 脱硝反应器的反应温度控制在 260～280℃，GGH 热换器冷侧出口温度控制在 250℃，热侧出口温度控制在 130℃，能够有效减少冷侧烟气进一步升温所需的能源消耗。

结合计算流体动力学 CFD（Computational Fluid Dynamics）仿真模拟对 SCR 脱硝反应器进行设计，解决流场和温度场分布不均匀等问题，根绝外排烟气 NO_x 的数据，采取自动连锁喷氨以均衡系统喷氨量，提高催化剂利用率和脱硝效率，减少催化剂堵塞和氨逃逸等问题。

④工艺技术特点

一是脱硫除尘系统能够最大限度地满足烟气、吸收剂和水充分接触的要求，特殊的结构设计可以适用不同的烟气条件，对不同的烟气流速、污染物浓度等有非常强的适应性，不发生堵塞、不均匀等半干法脱硫的常见问题。二是脱硫剂易得且成本低，脱硫副产物能得到高效的回收利用。三是脱硝系统采用中低温 SCR 工艺路线，可以满足安全稳定运行的要求，从而保证了烟气的超低排放。

⑤运行效果

二烧结车间烟气脱硫工程于 2010 年 4 月建成，在实施钢铁企业超低排放的大背景下，通过对烟气净化系统进行完善和升级改造（如斗提机增容、加湿机增容及增加搅拌功能、脱硫布袋材质升级等），增建 SCR 脱硝系统。自设备投入运行以来，实现了颗粒物、SO_2 和 NO_x 稳定达到超低排放标准的目标。

4.1.3　球团工序污染物治理技术

1. 球团生产工艺

球团工序建设了 2 条生产线，均采用链篦机+回转窑工艺，生产流程为原料贮运、配料、混合造球、布料、焙烧和冷却、成品转运 6 个部分（图 4-9）。

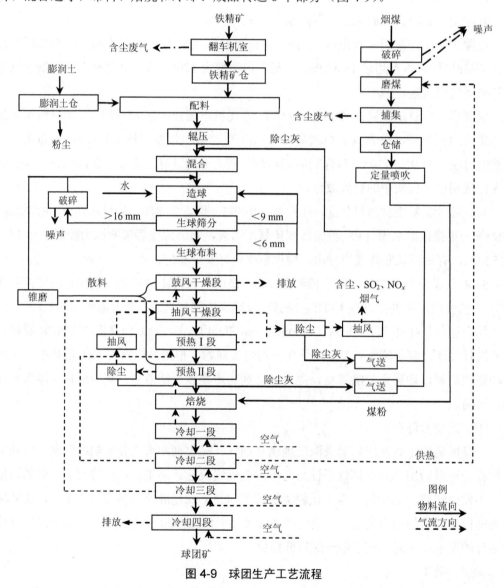

图 4-9　球团生产工艺流程

（1）原料贮运

球团生产的主要原料为精矿粉和膨润土。其中，精矿粉来自首钢矿业公司水厂铁矿，由火车运进，贮存于精矿料仓；膨润土来自外购加工，由罐车运送到膨润土仓。

（2）配料

精矿粉由供料皮带运至精矿仓，然后通过仓下设置的调速圆盘给料机进行配料；膨润土由罐车气力输送至膨润土仓，通过料仓下面的自动配料秤按比例进行配料。精矿粉、膨润土及收集的粉尘按一定的比例配料后，由皮带运至混合机混合。

（3）混合造球

混合料由胶带机送至混合室，在混合机内进行混匀作业。混合好的物料由皮带机送到造球盘上，加水造球。造球盘出球经辊筛将不合格生球筛出，通过返料皮带运回造球室上部混合料仓，合格生球送至布料系统布料。

（4）布料

造好的球先后通过胶带机、梭式布料、布料宽皮带机被送到辊式布料器上进行筛分布料，合格生球送到链箅机箅床上沿宽度方向布料，不合格的湿返料通过返料胶带机返回到贮料室的贮料仓。

（5）焙烧和冷却

生球首先进入链箅机，其作用是对生球进行干燥和预热。生球在鼓风干燥段被环冷机第三段热烟气（兑入适量冷风）干燥，然后在预热工段被氧化。经干燥、预热、初步氧化后的球团进入回转窑尾部，以烧嘴喷入的煤粉和煤气为燃料，边翻滚边焙烧成合格的氧化球团。焙烧好的球团在环冷机上筛分和冷却降温，最后进入冷却段。一系列、二系列焙烧球团都要进入环冷机冷却。

（6）成品转运

冷却后的成品球团矿通过缓冲仓卸到成品皮带机上，再通过皮带运到仓库贮存，利用皮带机直接发送到高炉。

2．球团一系列除尘、脱硫、脱硝工艺

球团一系列生产线始建于 1985 年，2000 年经过截窑改造，是我国第一条采用链箅机—回转窑—环冷机工艺的现代化球团生产线，年产球团矿 120 万 t。球团焙烧设备配套建设电除尘器+密相干塔脱硫+中低温 SCR 脱硝工艺，同步建设 2 套布袋除尘器。

（1）工艺流程

球团一系列焙烧烟气来自链箅机抽风干燥段和预热 I 段，经过 195 m^2 电除尘器可脱除绝大部分粉尘，然后进入密相干塔脱硫系统，烟气从脱硫塔中下部进入塔内，脱硫剂经搅拌器强力搅拌后在入口处随烟气向上移动，在运动过程中脱硫剂、水与 SO_2 进行化学反应，实现对烟气中 SO_2 的脱除。烟气经脱硫后进入布袋除尘器，进一步降低烟气颗粒物浓度，除尘器捕集后的脱硫灰经双轴加湿混合机混合后返回脱硫塔，再进行下一轮循环。少部分大颗粒脱硫剂因重力作用直接落入脱硫塔灰斗内，由气力输送至脱硫塔中部进灰口，使脱硫灰中的有效成分得以充分利用。脱硫塔灰斗底部设置取样孔，当脱硫

灰中的 CaO 含量<8%时，作为失效的脱硫废灰排至副产物仓，再通过密封罐车外运。

经过布袋除尘器后，烟气进入 SCR 脱硝系统，通过 GGH 换热器烟气温度由 110℃左右升高至 240℃左右，之后再经加热炉送来的热风持续加热，将烟气的温度进一步升高至 260～280℃，然后往烟气中喷入氨气（NH_3），混合气体在催化剂的作用下发生化学反应，将其中的 NO_x 还原成 N_2 和 H_2O，净化后的烟气通过 GGH 换热器，温度降至 130℃左右，经主抽风机外排至环境。工艺流程如图 4-10 所示。

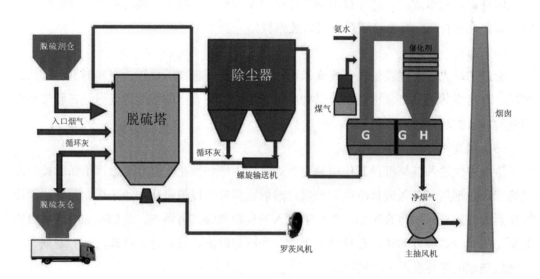

图 4-10　球团一系列脱硫脱硝工艺流程

（2）运行控制

球团一系列通过精细操作管控，严格落实球团生产热工制度，以保证球团焙烧的温升，减少漏风率并提高风机效率，确保系统稳定运行。具体表现在，一是为确保窑内焙烧气氛波动小、温度稳定，可采用气、煤混喷技术，其中喷煤的稳定性至关重要，设定给定喷煤量精度误差不超过 5‰，管道压力控制在 13～15 kPa，精准、稳定的喷煤量是确保脱硫脱硝入口 SO_2 不出现较大波动的关键因素；二是脱硫塔入口负压控制在-6～-2 kPa，入布袋除尘器前的温度控制在 95～130℃，能够有效控制烟气进入脱硫系统的流速、温度；三是 SCR 脱硝反应器的反应温度控制在 260～280℃，GGH 换热器冷侧出口温度控制在 250℃、热侧出口温度控制在 130℃，能够有效降低冷侧烟气进一步升温所需的能源消耗；四是脱硫塔顶部滤袋材质升级，以确保系统运行安全稳定，布袋除尘器喷吹压力控制在 0.25～0.5 MPa 可有效延长布袋使用寿命。

（3）工艺特点

除尘、脱硫、脱硝工艺与球团生产线采用一个风机，这种布置在节能的同时可保证环保设施与主体生产设施100%同步运行。脱硫除尘系统能够最大限度地使烟气、吸收剂和水充分接触，特殊的结构设计可以适用于不同的烟气条件，在不同的烟气流速、污染物浓度工况下都有非常强的适应能力，可保证稳定运行。脱硝系统采用中低温SCR工艺路线，可以满足安全稳定运行，保证烟气超低排放。

3．球团二系列除尘、脱硫、脱硝工艺

球团二系列始建于2002年，同样采用链箅机—回转窑—环冷机工艺，是一条年产200万t的生产线，球团焙烧设备配套建设电除尘器+CSCR工艺，同步建设2套布袋除尘器。

（1）工艺流程

球团二系列采用CSCR工艺进行脱硫脱硝。焙烧烟气来自链箅机抽风干燥段和预热Ⅰ段，经过220 m^2 电除尘器脱除绝大部分粉尘，经过变频增压风机增压后，烟气自下而上进入CSCR吸附塔，在脱硫床层进行脱硫，以活性炭为载体吸附除去 SO_2、氟化物、二噁英及重金属等污染物，经过脱硫床层后在中间气室与喷入的 NH_3 混合，并利用活性炭的催化性能加速将 NO_x 还原成 N_2 和 H_2O，再通过主烟囱排入大气。

活性炭从塔顶装入料罐，自上而下依次通过脱硝段和脱硫段，吸收 SO_2、NO_x、二噁英、重金属及粉末等的活性炭经过风筛除尘后通过链斗机输送至解析塔进行活化解析，活性炭吸附的 SO_2 被解析出来经过富硫风机送往制酸系统制成98%的浓硫酸，解析后的活性炭经过解析塔出料装置后落入振动筛筛除粉末，然后通过链斗机输送至塔顶料罐循环使用，至此完成整个系统的物料循环过程。新活性炭通过新活性炭仓经皮带秤加入到系统中，补充系统损失的活性炭。筛下的小颗粒活性炭、粉尘送入粉仓，经气力输送至回转窑作为燃料使用。工艺流程如图4-4所示。

（2）运行控制

球团二系列采用活性炭一体化工艺进行脱硫脱硝，活性炭质量对脱硫脱硝性能及系统的安全运行至关重要，首钢迁钢严格按照制定的《煤质颗粒活性炭质量标准》进行采购和检验，以确保活性炭质量的稳定和达标。脱硫脱硝系统吸附塔压差控制在3.0 kPa以上，脱硫层压差控制在0.7~0.8 kPa，脱硝层压差控制在1.1 kPa以上，能够有效避免因烟气流速低造成的模块热点生成。吸附塔模块烟气进口温度控制在130~140℃，为了活性炭催化性能，温度尽量控制在上限，目前球团吸附塔入口烟气温度控制在140℃。解析塔脱气段温度控制在390~450℃，脱气段负压为-0.3~-0.1 kPa，当脱气段出口温度控制在350℃以上、回热风机出口温度控制在250℃以上时，活性炭解析效果较好。在链箅机前段新增加SNCR辅助脱硝工艺，可大幅降低后续脱硫脱硝系统负荷，减少氨水消耗量

（由原来的约 500 kg/h 降至约 280 kg/h），原烟气 NO_x 浓度由约 140 mg/m³ 降至约 70 mg/m³，降幅达到 50%，为实现稳定超低排放创造了有利的条件（图 4-11）。

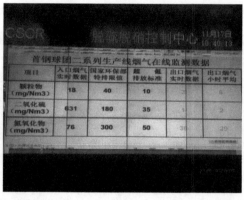

（a）投入前　　　　　　　　　　　　　　　　　（b）投入后

图 4-11　SNCR 辅助脱硝投入前后

（3）工艺特点

第二代 CSCR 工艺安全、稳定、可靠。其特点，一是活性炭与烟气逆流接触，活性炭自上而下流动、烟气自下而上流动；高 SO_2 浓度的烟气与排出之前的活性炭均匀接触，活性炭饱和度好，再生负荷小；新活性炭和再生活性炭与排出烟气接触，脱硫脱硝效果好。二是每个模块由脱硫、脱硝单元纵向叠加而成，两个模块也纵向叠加布置，节省占地。三是吸附塔为单元模块化设计，每个单元出入口均设有隔离措施，当其中一个单元需要检修时可以单独关闭，待冷却通气后，可从人孔进入检修。这种设计可以提高系统的作业效率，保证系统长期稳定的运行。

4．运行效果

球团一系列生产线烟气脱硫工程于 2013 年 8 月建成，2018 年 5 月开始进行烟气除尘、脱硫、脱硝项目超低排放改造，2018 年 9 月完成改造并投入运行。球团二系列脱硫脱硝设备于 2018 年年底投入运行。两套设备投运以来，烟气颗粒物、SO_2、NO_x 满足超低排放标准。

5．增加 SNCR 脱硝工艺

球团焙烧的工艺流程如图 4-12 所示，在整个流程中链箅机用于球团的干燥和预热，然后进入回转窑进行焙烧，最终进入环冷机降温后再进入下一个工艺阶段。

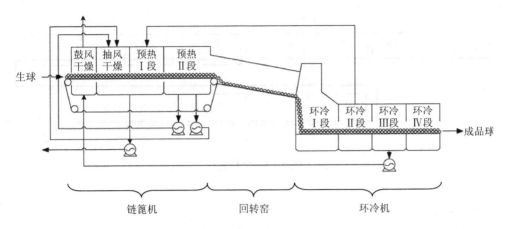

图 4-12 球团焙烧工艺流程

（1）链篦机

链篦机由鼓风干燥、抽风干燥、预热Ⅰ段及预热Ⅱ段组成，主要完成对生球的干燥及预热。其中，干燥是为去除球团中的水分；预热是为促进球团内的扩散和连接，使其达到在回转窑中高温焙烧所需要的强度，避免加工时出现破裂；预热Ⅰ段为球团加热使其升温，该段用于球团加热的热气由两部分组成，一部分来自环冷Ⅱ段，温度范围为（923±20）K，另一部分来自预热Ⅱ段烟罩的串风，温度范围为（1 373±20）K，该段球团的目标温度为（673±10）K；预热Ⅱ段使球团继续升温以达到一定强度，该段用于球团加热的热气来自回转窑窑尾，温度范围为（1 373±20）K，该段球团的目标温度为（1 223±10）K。

（2）回转窑

回转窑在工艺上由窑头、窑中、窑尾组成。球团由链篦机干燥预热处理后，经给料溜槽落入回转窑，在回转窑内沿窑壁翻滚，在重力作用下向窑头移动。回转窑阶段主要完成的是球团的焙烧及固结，以增加球团矿的密度，使其满足后续冶炼的工艺要求。

（3）环冷机

环冷机工艺由环冷Ⅰ段、环冷Ⅱ段、环冷Ⅲ段、环冷Ⅳ段组成。球团由回转窑加工处理后，经固定筛均匀地布在环冷机内进行冷却处理。冷却后的废气可用于链篦机及回转窑中对球团的加热，以减少成本及废气排放造成的污染。

（4）物料流程

物料流程即为球团运动的流程，该流程如图 4-13 所示，整个流程包括鼓风干燥→抽风干燥→预热Ⅰ段→预热Ⅱ段→回转窑→环冷Ⅰ段→环冷Ⅱ段→环冷Ⅲ段→环冷Ⅳ段。

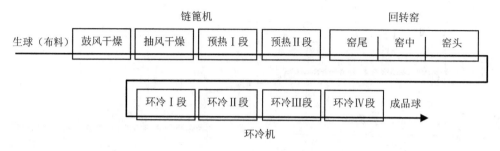

图 4-13 物料流程

（5）烟气流程

烟气流程即球团生产中加热气体的流程（热气通道），是影响球团温度的主要因素。在球团温度场中主要包括以下 3 个流程：

主流程：喷煤器燃煤放热+环冷机物料余热→回转窑→预热Ⅱ段→抽风干燥。

余热流程 1：环冷Ⅱ段→预热Ⅰ段。

余热流程 2：环冷Ⅲ段→鼓风干燥。

主流程是球团焙烧热源的流通通道，其温度的高低直接影响整个系统温度场的变化，其具体通道及设备如图 4-14 所示。

图 4-14 主流程

（6）SNCR 脱硝影响因素

SNCR 烟气脱硝技术是目前主要的烟气脱硝技术之一。在回转窑 850～1 150℃这一狭窄的温度范围内，在无催化剂作用下，NH_3 或尿素等氨基还原剂可选择性地还原烟气中的 NO_x，基本上不与烟气中的 O_2 作用，据此发展出了 SNCR 法。在 850～1 150℃范围内，NH_3 或尿素还原 NO_x 的主要反应式如下：

氨为还原剂

$$4NH_3+4NO+O_2\longrightarrow 4N_2+6H_2O$$

尿素为还原剂

$$CO(NH_2)_2+H_2O\longrightarrow 4NH_3+CO_2$$

$$NH_3+NO\longrightarrow N_2+H_2O$$

当温度过高时，部分氨还原剂就会被氧化而生成 NO_x，发生副反应：

$$4NH_3+5O_2\longrightarrow 4NO+6H_2O$$

SNCR 工艺是一种成熟的脱硝技术，在国内外均有广泛的应用，尤其在小型的燃煤、燃油、燃气机组或工业锅炉上具有一定的优越性。

对 SNCR 脱硝效率造成影响的因素有许多，如反应温度、还原剂类型、停留时间、还原剂与烟气的混合程度、氨氮比、初始 NO_x 浓度、烟气中 O_2 和 CO 浓度等，其中影响 SNCR 工艺最重要的几个因素如下：

①反应温度

温度窗口的选择是 SNCR 还原 NO 效率高低的关键，由于 SNCR 未使用催化剂故需要较高的温度来保证还原反应的进行（SNCR 的反应温度区间为 850~1 150℃）。

SNCR 还原 NO 的反应对于温度条件非常敏感，如反应温度过低，反应速率会随之降低，氧化还原反应不能及时充分地发生，导致脱硝效率降低、反应不完全，会造成氨逃逸率升高，同时未参加反应的还原剂还会随烟气进入后部设备，最终排入大气造成新的污染。

SNCR 脱硝温度上升到 800℃ 以上时，化学反应速率明显加快，在 900℃ 左右时 NO 的削减率达到最大。然而随着温度的继续升高，当温度高于 1 150℃ 时还原剂 NH_3 会被烟气中的 O_2 氧化生成 NO_x，造成 NO_x 浓度不降反升。

②停留时间

任何反应都需要时间，所以还原剂必须和 NO_x 在合适的温度区域内有足够停留时间，才能保证烟气中的 NO_x 还原率。停留时间越长，NO_x 的脱除效果越好，在此时间内完成水的蒸发、还原剂的分解、还原剂与烟气的混合、还原剂与 NO_x 的氧化还原反应。停留时间的长短取决于烟气流速和烟气流通通道的截面尺寸。相关试验表明，烟气的流速影响反应停留时间，过高的烟气流速会减少停留时间，从而降低脱硝效率。停留时间一般保证在 0.5~1.0 s。NH_3 的停留时间超过 1.0 s 则会出现最佳的 NO_x 脱除率。

③还原剂

SNCR 脱硝工艺中常使用的还原剂有液氨、氨水和尿素。氨的反应适宜温度最低。若还原剂使用液氨，脱硝系统的储罐容积较小，还原剂价格便宜，但 NH_3 有毒、可燃、可爆，储存的安全防护要求高，需要经相关消防安全部门审批才能大量储存、使用。另外，输送管道也需特别处理，需要配合能量很高的输送气才能取得一定的穿透效果。若还原剂使用氨水，因其有恶臭、挥发性和腐蚀性强，对操作有一定的安全要求，但储存、处理比液氨简单。由于氨水中含有大量的稀释水，储存、输送系统比氨系统要复杂，但喷射刚性，穿透能力比 NH_3 好。若还原剂使用尿素，因其不易燃烧和爆炸、无色无味，运输、储存比较简单安全，但是在喷射时的均匀性相对较差，影响反应效率，氨逃逸量高，容易生成高黏度的积灰。

④氨氮比

根据化学反应方程，NH_3/NO_x 的摩尔比应该为 1，但实际上应比 1 大才能达到较理想的 NO_x 还原率，NH_3/NO_x 摩尔比在一定的范围内随着比值的增加，NO_x 的还原率不断增加，但是到达一定数值后再继续增大摩尔比还原效果不明显，反而会产生较大的氨逃逸量，造成烟道中形成积灰腐蚀。根据运行经验，NH_3/NO 摩尔比一般控制在 1.0～2.0，当 NH_3/NO_x 摩尔比＜2.0 时，随着 NH_3/NO_x 摩尔比的升高，脱硝效率升高明显；当 NH_3/NO_x 摩尔比＞2.0 后，NH_3/NO_x 摩尔比升高，氨逃逸浓度不断增加，而脱硝效率并没有明显的升高趋势。NO 脱除率曲线明显变缓，NH_3/NO 摩尔比过大则会引起 NH_3 逸出量增大造成污染。

⑤还原剂与烟气的混合程度

还原剂与烟气的混合程度决定了反应的进程和速度，还原剂和烟气在锅炉内是边混合边反应的，混合的效果直接决定了脱硝效率的高低。造成 SNCR 脱硝效率低的主要原因之一就是混合问题，如当局部 NO_x 浓度过高时，因不能被还原剂还原而导致脱硝效率低；当局部 NO_x 浓度过低时，因还原剂未全部发生氧化反应而导致还原剂利用率低、氨逃逸增加。因此，还原剂与烟气混合程度的充分与否直接影响脱硝效果。

⑥燃料的影响

锅炉所用的燃料不同，利用 SNCR 装置取得的脱硝效率也会略有不同。使用煤作为燃料时，灰分较高，煤灰中常常富含碱金属氧化物、CaO、Fe_2O_3 等活性物质。研究表明，灰分中的 CaO、Fe_2O_3 等物质能促进高温下 NO_x 与 C 反应生成 N_2，减少烟气中 NO、N_2O 的浓度；而且 CaO 和 Fe_2O_3 等循环物料中的活性物质还会对 NH_3 与 NO 的反应产生多相催化的作用，促进反应的进行，所以使用煤作为燃料时 SNCR 的脱除率较高。

⑦烟气气氛

烟气中的 CO_2、CO、H_2O、H_2、CH_x 等成分都会对脱硝反应产生一定的影响。在缺氧的情况下，SNCR 反应并不会发生。在有氧的情况下，SNCR 反应才能进行。同时，氧浓度的上升会使反应的温度窗口向低温方向移动、最大脱硝率下降。在低温下，当水蒸气的浓度低时，氧是还原反应的促进剂；当水蒸气的浓度高时，氧是反应的阻碍剂。CO 浓度上升，使 SNCR 的温度窗口向低温方向移动，脱硝的最佳温度下降，脱硝率也有所下降。

4.1.4 高炉炼铁工序污染物治理技术

1. 高炉炼铁工艺

炼铁生产工艺由原料贮存及上料、炉顶布料、高炉送风、煤粉喷吹、高炉冶炼及煤气净化系统组成（图 4-15）。

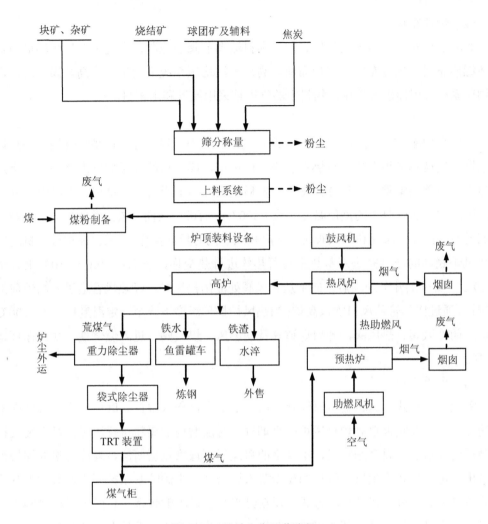

图 4-15 炼铁生产工艺流程

（1）原料贮存及上料

炼铁工序生产所用的烧结矿、球团矿直接从烧结厂和球团厂通过带式输送机运至高炉料仓；焦炭直接从迁安中化公司通过带式输送机运至高炉料仓；外购块矿和喷煤用煤由火车或汽车运入煤棚，由火车运入的原料采用翻车机卸车，料场原料采用斗轮式堆取料机进行堆取作业。

矿焦仓采用仓下筛分工艺，烧结矿、球团矿、焦炭在入炉前先在仓下过筛，粒度合格的炉料再入炉。仓下的矿、焦均采取分散称量，经带式运输机转运至高炉炉顶料罐，经布料溜槽进入高炉。

振动筛筛下的返矿由返料皮带运至烧结厂，筛分后的返焦进入返焦仓，部分作为焦丁自用，部分经输送皮带返回迁安中化公司。

（2）炉顶布料

炉料通过对布料溜槽的旋转、倾动和料流调节阀的控制，实现炉喉料面环形布料、单环螺旋布料、定点布料和扇形布料。高炉一次均压系统采用半净化高炉煤气均压，二次均压系统采用净煤气均压，物料中的气密箱采用氮气和水密封。

（3）高炉送风

每座高炉配 4 座内燃式热风炉，两烧两送，交替送风。在热风炉燃烧期，高炉煤气和助燃空气被热风炉燃烧器点燃在燃烧室内燃烧，燃烧后的高温烟气沿燃烧室向上进入蓄热室，与蓄热室蓄热体进行热交换，然后从底部小烟道进入大烟道，再经烟囱外排。当热风炉被加热至要求的拱顶温度（约 1 300℃）后进行换向，依次关闭煤气、助燃空气和烟道阀，打开冷风阀和热风阀（另一座热风炉同时反向操作），来自高炉鼓风机的冷风从热风炉底部的冷风阀进入蓄热室与蓄热体进行热交换，风温由 100～150℃上升至约 1 200℃，热风上升至炉顶后，向下从热风阀处流出热风炉，经热风管道进入高炉前的热风围管，通过鹅颈管从风口吹入高炉；当热风炉拱顶温度下降至一定温度后（约 1 100℃），依次关闭冷风阀、热风阀，开启烟道阀及助燃风、煤气阀，进入燃烧期，如此循环运行（送风）。

（4）煤粉喷吹

喷吹煤经带式输送机输至原煤仓，由仓下给煤机送入辊盘式磨机粉磨，磨机内干燥用的热介质主要是来自高炉热风炉的废烟气，对煤磨内的煤粉进行干燥，烘干废气携带粉磨后的煤粉进入煤磨选粉机，不合格的粉煤返回煤磨重新研磨，粒度合格的煤粉被废气带出，进入袋式收尘器，收集的煤粉落入煤粉仓。高炉喷吹工艺采用双系列串联罐、喷吹总管加炉前分配器的喷吹方式。煤粉经煤粉仓进入贮煤罐，再经贮煤罐"倒入"喷煤罐，喷煤罐下设自动可调的煤粉给料机，由喷吹总管输送至炉前煤粉分配器，自喷煤支管喷入高炉。

（5）高炉冶炼

炼铁所需原料由炉顶装料设备装入高炉内，热风从高炉炉腹的风口鼓入，随着风口前焦炭燃烧，耗尽风口处氧气，高温下 CO_2 与 C 生成 CO（煤气），煤气向炉顶快速上升。与此同时，炼铁原料在炉顶下降过程中与上升煤气热交换后温度不断升高，达到 1 000℃时原料中的 Fe_2O_3 与 CO 还原成铁，在接近风口处开始熔化，并吸收焦炭中的碳元素，熔炼为铁水。脉石等杂质则形成熔融炉渣，二者积存于炉缸，其中铁水沉在底部，铁水和炉渣定期由铁口排出炉外，经炉前渣铁分离器，铁水流入鱼雷罐车，由火车运至炼钢作业部，炉渣经炉前高压水淬后形成水渣，流入沉渣池，由抓斗机捞出后外售。

（6）煤气净化系统

高炉煤气从炉顶两侧的煤气上升管引出后，经煤气下降管进入重力除尘器和旋风除尘器，半净化煤气送入低压脉冲袋式除尘器进一步净化处理。净化后的高炉煤气经 TRT 发电装置，利用余压发电。回收余压后的煤气再经过喷淋洗涤塔脱酸、脱 H_2S 处理后，供应高炉热风炉及其他用户使用。

2．高炉热风炉污染物治理技术

（1）热风炉工艺

热风炉是为高炉提供热风的特殊设备。炉内由格子砖砌筑，其加热过程实际上就是加热格子砖的过程，称为"燃烧过程"，即高炉煤气和助燃空气混合燃烧，热气到达炉顶，经格子砖加热热风炉，废气从烟道排出。当热风炉被加热到一定温度时燃烧状态结束，准备转换到送风状态，为高炉提供热风。此过程中冷风通过格子砖反向吹进，砖的热量传递给流过的空气，被加热的空气（热风），通过环管进入高炉。高炉炼铁是一个连续过程，热风不能中断，所以热风炉是高炉炼铁不可缺少的部分，热风炉循环送风可满足高炉连续供风的需要。

（2）热风炉燃烧过程中的影响因素

热风炉的工艺特点决定了其燃烧过程的复杂性与不可控性，主要体现在以下几个方面。①燃料热值的不可控性。热风炉燃烧使用的是高炉煤气，高炉生产的不稳定性造成高炉煤气的热值波动较大、压力波动频繁，这些都会造成燃烧过程的波动。②燃烧配比的不易确定性。燃料本身的成分波动造成燃烧过程中燃料配比的变动较大，最合理的空燃比不易确定且不易寻找，因此在整个燃烧过程中必须克服这个问题。③燃烧过程速度的不易控制性。燃烧速度的控制也是一个重要问题，过快的燃烧速度削弱了热风炉的蓄热量，过慢的燃烧速度又不能满足高炉对风温的使用要求，因此必须通过合理的控制手段使热风炉按照设定的燃烧时间合理燃烧。

（3）减少热风炉 NO_x 排放的措施

①采用高温预热炉预热助燃空气

热风炉系统配置两套前置高温预热炉（表 4-2）预热助燃空气，助燃空气经预热炉预热至 600℃，达到减少热风炉燃料消耗的作用。

表 4-2　高温预热炉参数

序号	项目	温度/℃
1	炉顶	≤1 270
2	炉箅子	≤400
3	助燃空气	≤600

②采用高效板式预热器

新型板式预热器（图 4-16）是近年来开发的一种较为先进的高效节能型预热器，具有传热效率高、结构紧凑、耐腐蚀、寿命长、不易积灰、易清洗、维护量小等优点，在热风炉系统应用中取得了良好的效果。烟气、煤气在板束内交错预热，结构简单、流道清晰，充分考虑了高炉煤气的特点，无煤气死区。此外，此种预热器采用模块化组装，便于设备制造、运输、安装和维修。

新型板式预热器是由原热管预热器改造而成的（图4-17），在生产运行过程中没有新增动力消耗。通过改造，在煤气入口温度不变的情况下，煤气出口温度升至200℃，可达到减少燃料消耗的作用。

图4-16　板式预热器　　　　　图4-17　预热器改造工艺平面示意图

③采用自动燃烧及换炉技术

为确定最佳燃烧配比关系，更好地控制拱顶温度与烟道温度、调节阀，确定换炉时点，联合开发了热风炉全自动燃烧系统。

该系统是一套高炉热风炉燃烧全自动控制系统，由拱顶温度管理、废气温度管理、热水标准管理、技术计算4个部分构成，是以煤气和空气流量的闭环自适应自动调节控制为基础的，以热风炉内拱顶温度最快、最大的上升速率和烟气温度的均衡稳定上升为目标，将自动燃烧控制系统与自动分析判断送风炉的运行时间与风温使用情况、自动进行换炉操作的自动换炉控制系统进行组合。通过对热风炉煤气流量和空气流量的精确定值调节、对煤气压力波动等外界扰动的合理抑制，快速寻找最佳的空燃比，从而在整个燃烧过程中，在满足高炉风温需要的情况下，以节约燃料为前提，实现了热风炉整个燃烧过程的自动化控制，且燃烧过程稳定、安全、节能。热风炉燃烧过程实际上是一个非常复杂的综合反应过程，是一个典型的多输入单输出的相互影响的复杂系统。

④燃烧过程控制

图4-18显示了如何将原煤气和空气流量的开环手动调节改为煤气和空气流量的

单闭环自动控制调节。以煤气流量和空气流量为控制目标，煤气调节阀和空气调节阀为控制对象，根据设定值与过程值之间的偏差大小自动改变调节阀的阀位，通过调节阀的及时动作克服煤气流量和空气流量的波动。

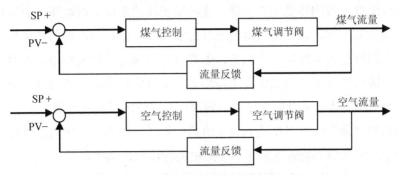

图 4-18　煤气流量和空气流量的单闭环自动控制

手动燃烧控制的热风炉燃烧过程可分为燃烧初期、蓄热期和蓄热饱和期 3 个阶段，热风炉在燃烧期间拱顶温度和废气温度的变化曲线如图 4-19 所示。根据各阶段的不同特点，可将自动燃烧控制也分为 3 个阶段，即燃烧初期、蓄热期和蓄热饱和期。在不同的阶段可以采用不同的控制方法。

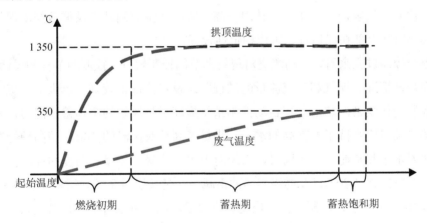

图 4-19　热风炉拱顶温度和废气温度变化曲线

燃烧初期主要是拱顶温度管理，其目的是保护热风炉拱顶砌体、强化加热过程，即以较小的煤气和空气流量点火后，在拱顶温度未达到上限时，以最合适的空燃比使燃烧温度达到最高，使拱顶温度按照规定的梯度快速上升到规定值，此后逐步改变超量空气系数以使拱顶温度不超过规定值。依据初始煤气和空气流量设定值自动修正，并使升温尽量缩短，在保证燃烧充分的条件下，使燃烧从一开始就处于最佳的燃烧配比状态，从而使拱顶温度快速上升。一般情况下，升温持续时间在 10 分钟左右，此间拱顶温度快速上升并接近最高温度，在到达规定值后转入蓄热期。

蓄热期主要进行废气温度管理，同时兼顾拱顶温度管理（拱顶温度控制在1 350℃）。废气温度管理的目的是防止废气温度太高，使废气温度上升曲线在规定燃烧周期内平稳达到燃烧终点温度，否则热效率会下降，支撑格子砖的金属会被烧坏。调节特点是维持拱顶温度继续上升，同时兼顾废气温度上升的速度。依据拱顶温度的变化情况修正空燃比，保证拱顶温度稳定且维持上升趋势，若废气升温速度较快或较慢，就要进行减烧或加烧操作，使废气温度上升曲线恢复平稳均衡。废气将热量带到蓄热室，随着蓄热室温度的上升，废气温度也不断升高，达到设定温度时就进入了蓄热饱和期。

蓄热饱和期是指当废气温度达到设定值后，程序会根据送风炉的送风时间及风温使用情况来决定此炉是由燃烧转入隔断，还是由燃烧转入送风状态。

燃烧过程引进模糊控制和自寻优理论，通过生产工艺参数得出热风炉各燃烧阶段及实际燃烧情况，按方案由拱顶温度和废气温度的变化，自寻优空燃比控制燃烧过程使燃烧效果更加理想，以达到节约能源的最大化。

由全自动燃烧系统的实际使用情况来看，系统对热风炉自动燃烧、自动换炉过程的控制较为合理，考虑的因素也较为全面，对燃烧过程中各种工况条件和变化因素都有相应的处理方法。自动换炉系统与自动燃烧系统配合投入使用效果较好，系统间的连锁安全可靠、控制衔接紧密。系统投入使用率高，除因流量监测环节及调节阀出现问题而退出外，其余时间全部在线运行，工作稳定性较好。

从整个控制过程来看，自动燃烧对现场调节阀控制较好，控制的节奏和灵活性较好，很少出现超调情况。煤气和空气流量的过程跟踪设定值修正较好，点火与停烧过程与换炉过程控制衔接紧密。燃烧过程自动控制系统提高了热风炉的整体蓄热能力，各热风炉燃烧后的拱顶温度维持了非常高的水平，满足了高炉对风温的要求，使高炉能继续维持较高的风温水平和负荷水平。同时，系统对点火、停烧、流量、温度的控制使燃烧过程对热风炉燃烧口、燃烧器以及燃烧阀的冲击减小，延长了设备的使用寿命。

图4-20显示了手动控制与自动控制燃烧数据对比，可以看出自动燃烧系统完全能够满足高炉对风温的需求，同时可实现节约能源的目的。一是对于拱顶温度控制来说，自动控制燃烧能快速提高顶温，并在流量及外部条件稳定可靠的情况下保持其稳定。在单炉次燃烧过程中自动控制燃烧比手动控制燃烧的拱顶温度平均值提高了14℃。二是采用步进式小流量点火过程可将点火时爆燃对设备的冲击损害降到最小，进而延长设备使用寿命，使点火过程更安全、稳定、可靠。三是自动寻找出最佳的燃烧配比，可以保证系统能在相同的流量条件下将拱顶温度提升到最高值，同时合理的燃烧也可以减少煤气用量。四是烟道温度上升速率按设定变化周期控制，燃烧过程平稳，保证了蓄热过程的稳定性，提高了蓄热质量。在单炉次燃烧过程中自动燃烧比手动燃烧平均烟道温度提高

4℃。五是流量控制稳定。系统会随压力的变化，改变调节阀开度以稳定流量，从而保证了燃烧效果，减少了压力变化对流量产生的影响，使空煤气流量的波动明显减小。

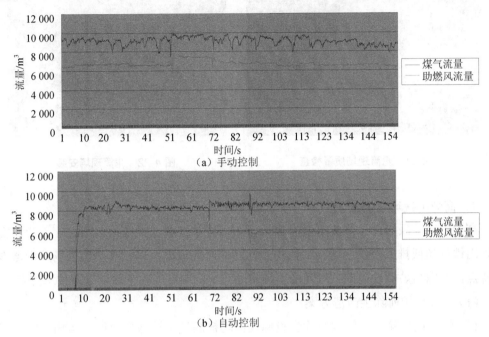

图 4-20　手动控制与自动控制燃烧数据对比

采用上述综合技术可实现热风炉烟气中的低 NO_x 排放。

3. 高炉矿槽除尘改造方案

2016 年 9 月 19 日，河北省环保厅发布了《关于河北省钢铁行业执行大气污染物特别排放限值的公告》（2016 年第 1 号），要求炼铁环境除尘、制粉煤粉收集器执行大气污染物特别排放限值。

炼铁矿槽及环境系统布袋除尘器原设计过滤风速为 1.0～1.2 m/min，大气污染物排放浓度为 30 mg/m³，无法满足超低排放（10 mg/m³）要求。针对这个问题，结合高炉生产节奏，2017 年 6 月首钢迁钢炼铁作业部组织开展了高效过滤材料或滤筒超低排放试验研究，实验目标是颗粒物排放浓度＜8 mg/m³。

滤筒过滤面积为原布袋过滤面积的 1.5 倍，理论上能够降低过滤风速 38%（更换滤筒后各除尘器过滤风速在 0.6～0.8 m/min）。通过对 2017—2018 年超低排放试验效果的验证及运行稳定性数据的收集、分析证明，折叠滤筒依靠滤筒特性，在除尘器本体不做改动的前提下能够有效增加过滤面积、降低过滤风速、提高除尘效率，除尘器更换高效滤筒后颗粒物排放稳定达到超低排放要求，除尘器运行稳定。2018 年 9 月，高炉矿槽系统及原燃料转运系统等环境除尘滤袋、袋笼均更换为整体滤筒（图 4-21 和图 4-22）。

图 4-21　滤筒现场质量检查

图 4-22　滤筒现场安装

4．高炉出铁场除尘工艺

高炉出铁场原始设计排放浓度为 30 mg/m^3，日常排放水平低于 20 mg/m^3，为了实现高炉出铁场超低排放，结合对高效滤料、滤筒的研究成果，以及高炉出铁场除尘器本身的特点，考虑高炉检修周期、时间及现场实际情况，制定了如下除尘改造技术方案。

（1）1$^#$高炉炉前除尘改造方案

1$^#$高炉出铁场除尘系统因原除尘设施周围均被高炉干法除尘及铁水运输铁路包围，无任何地面满足除尘设施扩建需求，所以改造方案是在原有的除尘器圈梁基础上向左右方向扩展，即圈梁以上所有的除尘器部件全部进行更换。新建除尘器本体及净化、清灰装置经强度核算满足超低排放要求。圈梁以下灰斗结构及卸灰、输灰设备均可利用，改造后的除尘器技术参数见表 4-3。

表 4-3　1$^#$高炉出铁场除尘器技术参数

名称	单位	1$^#$高炉	
		大系统	小系统
设计风量	10^4 m^3/h	56	30
设计风压	Pa	4 500	4 800
设备阻力	Pa	1 200	1 200
脉冲阀		DC 24 V　3 英寸　淹没式	
喷吹压力	Pa	0.25～0.35	0.25～0.35
过滤面积	m^2	11 300	5 650
过滤风速	m/min	0.826	0.885
滤袋数量	条	3 840	1 920
滤袋型号	mm×mm	ϕ 125×7 500	
滤料材质		550～600 g/m^2 高效覆膜滤袋	
排放浓度	mg/m^3	<10	

在灰斗进风口设置导流装置。由于原除尘器采用下自由进风方式且除尘器灰斗高度达到 6 m，除尘器过滤风速下降后，均匀沉降段可下移 300～400 mm 至灰斗内，不影响现有灰斗储灰。在进风方向灰斗的上进风口处增加直径 ϕ 108 mm 的圆管，间距为 300 mm，夹角为 90°，改变进气流的方向，使气流分布均匀，粉尘不易磨损布袋。

在除尘器灰斗上进风口的进口垂直方向处加圆管导流时（两个仓均为在线过滤工作状态），流场状态如图 4-23 所示。除尘器处于在线过滤状态时，进风口处气流流速低，外壁板处流速在 3 m/min 左右，滤袋过滤速度均匀，可提高布袋使用寿命，灰斗内气流速度在 0～2 m/min，灰斗下部速度场为零，不利于粉尘颗粒沉降。除尘器在离线喷吹状态时，灰斗内速度场会更理想，速度几乎为零，满足储灰要求。

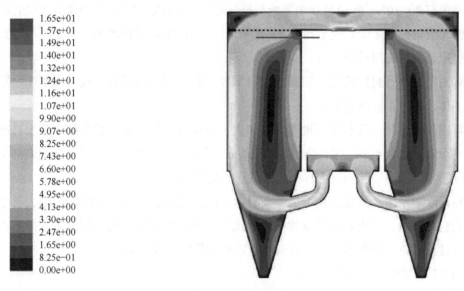

图 4-23　1#高炉炉前除尘器改造前流场状态

在除尘器本体改造时，可同步对滤袋材质进行变更。滤料材质：100%的涤纶纤维，其中迎尘面加 30%的涤纶超细纤维，基布采用涤纶长丝基布，经高温定型、烧毛、表面覆 PTFE 膜，覆膜方式为热覆膜，膜为进口材质。超细纤维的作用是，如果膜局部老化或者轻微破损，能进一步起到过滤超细粉尘的作用。滤料的克重：550 g/m²。经纬向强度：＞1 200 N/5 cm。透气率：25 L/(dm²·min)。膜的孔径：2 μm。PM$_{2.5}$ 的粉尘除尘效率：99.95%。滤料的缝制：依据《袋式除尘器技术要求》（GB/T 6719—2009），纵向采用三针六线，针距控制在 30～35 针/100 mm，能有效控制因缝制质量不好引起的跑灰现象；滤料的底部加强层高度为 150 mm，且滤袋采用双层底，增加了滤袋底部的抗磨能力；滤袋弹性涨圈的尺寸要求比花板孔的实际尺寸大 0.2 mm，在安装滤袋时，每条滤袋安装后用橡皮榔头轻轻敲打弹性涨圈，使滤袋与花板较好吻合，不留任何空隙。

（2）2#高炉炉前除尘改造方案

2#高炉出铁场新建一套处理能力 70×10⁴ m³/h 的除尘系统，治理出铁口、铁沟、渣沟、渣铁分离器及摆动沟等部位产生的烟尘。新建的除尘系统配套敷设管线至高炉罩棚北侧，与现有除尘管线相接，接点利用高炉检修时间提前做好管道甩点工作，新系统投运后管道接点不影响高炉的正常生产。

新建除尘系统投运后，现有的 56×10⁴ m³/h 风量的除尘系统停机，进行达标排放改造，改造完成后利用现有管线在高炉罩棚北侧切换到出铁口顶吸除尘系统，替换原有 30×10⁴ m³/h 风量的除尘系统，利用现有变频器调节顶吸风量，满足顶吸除尘风量需要，彻底改善出铁口小部分烟尘外溢现象。

将现有 30×10⁴ m³/h 风量除尘系统替换后进行达标排放改造，利用现有除尘管线在高炉罩棚北沿新敷设除尘管道至高炉 43 m 平台，炉顶 43 m 平台增加 3 个炉顶除尘点位，并增加配套控制阀门系统。

对出铁场进行封闭改造，完善对顶吸罩控制区域的封闭及对渣铁分离器除尘罩的改造等工作，满足新标准要求。

新建除尘设施与既有除尘设施并排布置，放在现有除尘系统的东侧。除尘器布置采用高架形式，除尘器架高平台离地面约 4.0 m，除尘器下部设配电室等。除尘器捕集的粉尘通过除尘器灰斗底部的气力输灰设备输送到烧结预配料。

新建除尘系统在建设过程中全面按照超低排放要求进行，投运后对原有 2 套系统进行滤袋材质升级，采用超细纤维梯度覆膜滤料提升过滤效果，同步调整系统风量以降低除尘器过滤风速，除尘器改造完成后能稳定满足超低排放标准。

（3）3#高炉炉前除尘改造方案

3#高炉炉前除尘在原设计过程中对系统能力进行了预留，风机全压能力富余量满足变更布袋材质的要求，炼铁作业部结合流场分析模型在下进风口的进口垂直方向加圆管，流场分析如图 4-24 所示。

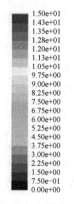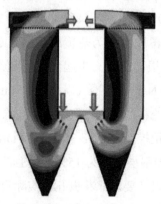

图 4-24　3#高炉炉前除尘器改造后流场状态

①滤袋选材

滤料材质：100%的涤纶纤维，其中迎尘面加30%的涤纶超细纤维，基布采用涤纶长丝基布，经高温定型、烧毛、表面覆PTFE膜，覆膜方式为热覆膜。

滤料克重：580 g/m^2。

经纬向强度：>1 200 N/5 cm。

透气率：25 L/(dm^2·min)。

后处理：烧毛、压光、高稳定性、PTFE覆膜。

膜的孔径：2 μm。

PM$_{2.5}$的粉尘除尘效率：99.95%。

耐温度：连续≤120℃，瞬间≤150℃。

②滤袋的缝制工艺

该滤袋的制作严格按照国家标准和企业标准执行，弹性涨圈为不锈钢301材质。在批量生产前，首先生产样袋一条，与除尘器花板孔尺寸和袋笼尺寸完全符合后再批量生产。滤袋的袋身缝制采用三针六线的缝制方法，缝纫线为PTFE高强缝纫线。PTFE缝纫线的强度不小于33 N、缝制要求符合GB/T 6719—2009，针距为（30±5）mm/100 mm，缝合宽度为15～20 mm。采用无毛边缝制方法，针眼处采用高温贴膜。滤袋底部采用加强耐磨层，高度为100 mm，材质同标的物一致，采用双层底。袋口缝制时，密封条采用耐高温密封圈。针对超低排放，袋口重叠处采用拼缝的方式。滤袋和花板密封后不松动，能承受80 kg的拉力不脱落。

4.1.5 炼钢工序污染物治理技术

首钢迁钢炼钢工序于2003年6月开工建设，2004年10月正式投产，实现了电工钢、汽车板、管线钢、高强钢、焊瓶钢、热轧酸洗板、耐候钢、车轮钢、船板等在内的共计19个系列400多个牌号钢种的稳定生产。其中，一炼钢生产单元主体设备包括铁水脱硫站3座、210 t转炉3座、钢包精炼炉（LF炉）1座、RH真空精炼炉（RH炉）2座、双流板坯连铸机2台，二炼钢生产单元主体设备包括铁水脱硫站3座、210 t转炉2座、LF炉1座、RH炉2座、双流板坯连铸机2台（图4-25）。

1. 炼钢工艺流程

（1）原料供应

来自炼铁高炉的铁水由鱼雷罐车运至倒罐站，将铁水倒入铁水包中，冶炼时用吊车将铁水包吊起，铁水直接兑入转炉中冶炼。废钢由汽车运至炼钢主厂房废钢跨，利用电磁吊将废钢转入废钢料槽中待用。所需活性石灰自白灰套筒窑料仓通过密闭皮带通廊输送至炼钢主厂房白灰高位料仓。外购白云石、铁矿石等其他散装料由皮带机运入各自的高位料仓暂存。所需铁合金由汽车运至散装料库贮存，再通过皮带机输送至炼钢主厂房高位料仓备用。

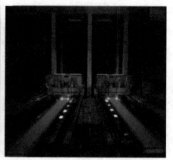

图 4-25　转炉炼钢、RH 炉精炼及板坯连铸

（2）转炉冶炼

废钢按工艺要求加入转炉内，来自倒罐站的高炉铁水首先在脱硫扒渣站进行预处理，然后由铁水包按转炉生产要求倒入转炉，再将炉摇至垂直，关上炉前挡火门，确认转炉除尘风机工作正常后降下吹氧管供氧吹炼。生产中根据工况和需要冶炼的钢种加入散装料，各种散装料均自动称量，经溜槽集中至汇总斗储存，再经溜槽进入转炉。

氧枪吹炼初期，烟气活动罩裙处于全部升起状态，当安全期已过，为控制炉气燃烧率，罩裙将自动降至低位进行自动控制，根据炉气中 CO 含量进行转炉煤气回收。转炉配备一套底吹系统，底吹搅拌所用惰性气体为 N_2 和 Ar，两者相互切换。氧枪吹炼达到预定参数时即可提升氧枪及烟罩，进行测温和取样工作。

在钢水温度、成分（主要为 C、Mn、Si、P、S）达到工艺要求后，将转炉倾动，同时将炉下部轨道上的钢水包车移动至出钢位置进行出钢。出钢时根据所炼钢种的需要，向钢包中加入合金原料。转炉出钢时，氧枪须处于高位，活动罩裙处于全升起位置，二次除尘系统正常工作。

当钢流中即将夹渣时，应进行挡渣操作，开动炉后挡渣机，事先在挡渣机上挂好一个挡渣塞，当挡渣塞伸至转炉内的出钢口上方时，挡渣塞掉下，自动堵住出钢口，然后快速摇正转炉，停止出钢，防止炉渣进入钢水包中。

出钢完毕后，转炉恢复到垂直状态，将钢水包移送至钢水接受跨进行测温、取样，在包内液面上放置适量的保温剂，再进入连铸工序进行连铸。

（3）钢水精炼

根据冶炼钢种的工艺需要，钢水被分别送精炼工序处理，采用 LF 炉、RH 炉、CAS 炉和吹氩站进行钢水成分和温度的精炼处理，达到对钢水精炼的目的。

LF 炉是以电弧加热为主要技术特征的炉外精炼方法，包括电极加热系统、合金与渣料加料系统、底透气砖吹氩搅拌系统、喂丝系统、炉盖冷却水系统、除尘系统、测温取样系统、钢包及钢包车控制系统等。首钢迁钢电极加热方案采用交流钢包炉、LF 炉精炼的主要作用是使钢水温度满足连铸工艺要求，成分微调可保证产品具有合格的成分，并实现最低成本，还能控制钢水纯净度满足产品质量要求。

RH 炉的主要功能是脱氢、脱氮、深度脱碳、脱氧以及合金微调和温度调节等，其主要工艺过程是首先用蒸汽喷射真空泵对脱气室抽真空，然后靠脱气室抽真空的压差使钢水通过脱气室和环流管产生循环，对钢水进行脱气并均匀钢水成分。

钢水在进行 CAS 处理时，首先用氩气喷吹，在钢水表面形成一个无渣的区域，然后将隔离罩插入钢水罩住该无渣区，使加入的合金与炉渣、钢液与大气隔离，从而减小合金损失，稳定合金收得率。CAS 炉精炼的主要功能是均匀钢水成分和温度，调整钢水成分和温度，提高合金收得率，净化钢水，去除杂物。

吹氩站采用钢包底吹氩方式。在吹氩站加入 CaO、CaF_2 等渣料，并按钢种成分要求加入铁合金。出钢完成后，钢水包车行驶至钢包吹氩站，测温取样并继续吹氩，按成分和温度控制要求，微调成分并调整温度，用喂丝机加入铝线脱氧，也可以加入包复线去除钢中夹杂物，改变夹杂物形态。处理完毕测温取样后，钢包车即可开出吹氩站。

（4）汽化冷却

210 t 转炉烟道活动罩及炉口段采用水冷，固定段采用汽化自然循环系统。每段烟道组成一个循环回路，每个回路由上升管和下降管组成，软化水通过下降管经汽化冷却烟道受热蒸发，形成汽水混合物，经上升管进入汽包。汽水混合物在汽包内进行汽水分离，蒸汽送往厂区蒸汽管网。

（5）连铸

合格的钢水吊至钢包回转台上，回转台将钢水包旋至中间包上方，就位后开启钢水包滑动水口，钢水注入连铸机中间罐包。当中间罐内钢水达到一定高度时即可开浇。

在钢水注入结晶器前，引锭杆已送入结晶器内，开浇后钢水流入结晶器，结晶器用水激冷，钢水在结晶器内固化，当液面达到拉速高度时，结晶器润滑系统自动打开，结晶器振动装置和拉矫机同时启动，此时二次冷却水阀门自动打开，铸坯在引锭杆牵引下逐步从结晶器内拉出，钢锭与喷淋水相遇使钢进一步冷却固化，并通过一系列导辊输送下行。当引锭杆通过拉矫机到达脱锭位置时，脱锭装置自动脱锭，使热铸坯与引锭头分离，并按一定定尺长度将热铸坯切割。方坯自然冷却后外售，板坯通过热送辊道输送至热轧作业部。

炼钢及连铸生产工艺流程如图 4-26 和图 4-27 所示。

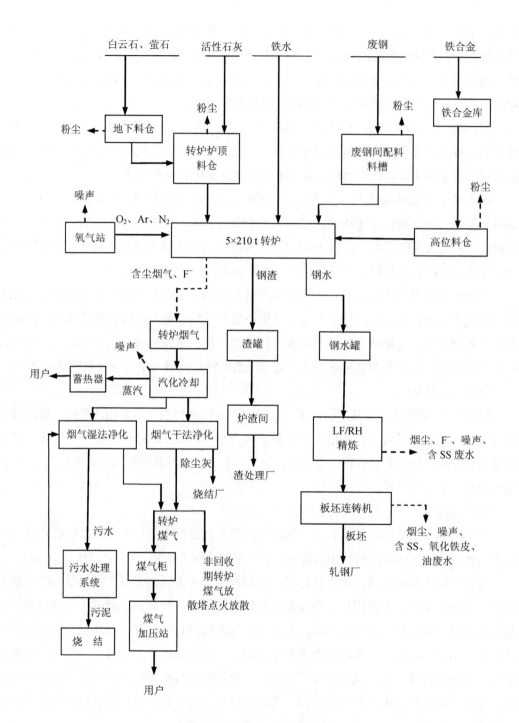

图 4-26 炼钢生产工艺流程

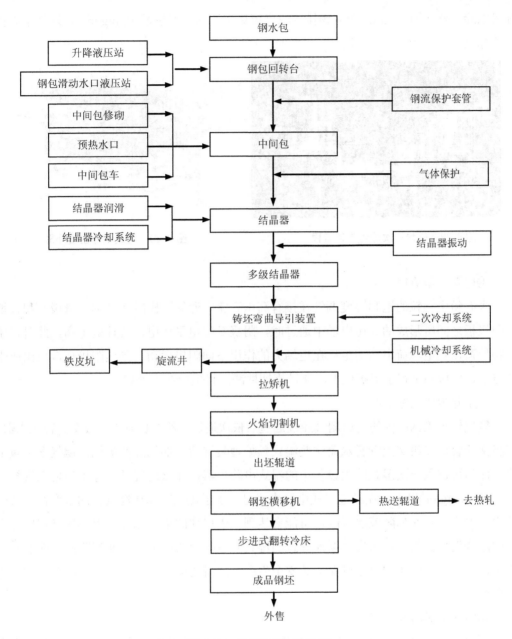

图 4-27 连铸生产工艺流程

2．转炉一次除尘超低排放治理

（1）一炼钢生产单元

首钢迁钢一炼钢生产单元原一次除尘工艺为 OG 法二代技术（图 4-28），粉尘排放浓度为 $80\sim100\ mg/m^3$，不能满足超低排放指标要求。为解决超低排放的难题，经过系统技术研究探讨和可行性研究分析，通过大胆尝试，在 OG 法除尘后增设了防爆圆筒形湿式卧式电除尘器（图 4-29），颗粒物排放浓度可稳定达标（不超过 10 mg/m³），远低于超低排放标准。

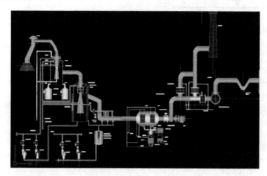

图 4-28　转炉一次除尘工艺流程

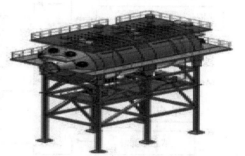

图 4-29　湿式电除尘器外形

①电除尘器原理

含有粉尘颗粒的饱和湿度烟气在接有高压直流电源的阴极线（又称电晕极）和接地的阳极板之间所形成的高压电场中通过时，阴极发生电晕放电，气体被电离。此时，尘粒颗粒荷以负电，荷电后的尘粒在电场力的作用下向阳极运动。到达阳极后，放出所带的电子，尘粒则沉积于阳极板上，通过周期性冲洗将尘粒冲走处理。

②电除尘器泄爆控制

氧气转炉炼钢产生的高温烟气经过烟道后依次通过一级文氏管、一级文氏管脱水器、二级文氏管、二级文氏管脱水器这些湿式预处理装置后，烟气温度降低，烟气含尘量下降，而后再进入一次湿式除尘设备中的湿式电除尘器，在该装置进行除尘后使烟气含尘量达到 10 mg/m³ 以下，在经过湿式电除尘器时，由于煤气中爆炸性气体的浓度在湿式电除尘器的内部存在死区或涡流区，可能会达到产生爆炸的浓度范围，引发煤气在电除尘器中燃烧爆炸。为了预防煤气爆炸导致的湿式静电除尘器的损坏，要消除此方面的安全隐患，设置相应的防护设施以保证其安全生产，同时还应有抑爆装置，从源头上彻底消除爆炸隐患。

③电除尘器污水处理

电除尘产生的除尘污水流入高效斜板沉淀器，经过斜板沉淀器处理后产生的净水循环再使用。经过斜板沉淀器后产生的污泥，通过污泥泵打入 OG 法高架污水流槽内，流入泥处理系统进行处理。同时，向除尘污水内投加絮凝剂、水质稳定剂，以增强水质处理效果。

④OG 法+电除尘的优点

传统 OG 法工艺设计的颗粒物排放无法达到超低排放浓度标准。通过在一次除尘风机前增加圆筒形防爆湿法电除尘器工艺路线，实现了炼钢一次除尘超低排放。此设备改造具有如下优点：

- 电除尘工艺可补集 OG 法无法补集的细小粉尘，使除尘效率显著提升；
- 无须改动原有 OG 系统，设备施工完毕后只需进行管道连接即可使用，缩短了停工时间，对生产影响较小；
- 设备体积小、占地小，适合对场地紧凑的区域进行工艺升级改造；
- 升级后烟气含尘量降低，延长了一次除尘风机的使用寿命，降低了设备检修费用。

（2）二炼钢生产单元

转炉炼钢采用 LT 法除尘技术（图 4-30），即静电除尘工艺，是 20 世纪 70 年代德国鲁齐公司（Lurgi）和蒂森（Thyssen）钢厂合作开发的，并不断被改进、完善。近年来，我国宝钢、包钢、太钢等钢厂大型转炉均成功采用 LT 技术。国家钢铁产业发展规划中也将转炉采用的干法除尘列入发展实现目标。

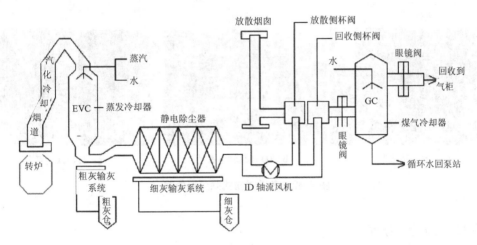

图 4-30 LT 法除尘系统工艺流程

首钢迁钢二炼钢生产单元 2 座 210 t 转炉一次烟气净化系统采用 LT 法电除尘+多孔材料过滤除尘工艺。转炉 LT 法除尘技术有着除尘效率高、运行费用低等特点，二炼钢生产单元的 4#、5# 转炉建设时同步配套建设 LT 法电除尘器（图 4-31），但随着环保管控对污染物排放标准的日趋严格，又在原有电除尘器的基础上增加了多孔材料过滤式除尘器（图 4-32），以实现稳定达到超低排放标准。同时，为提升电除尘器除尘效率，2018 年首钢迁钢又完成了 4#、5# 转炉 LT 电除尘器电源升级改造，由单相电源升级为三相高频恒流高压直流电源，以提升除尘器电场工况二次电压、二次电流，经测算，运行除尘效率提升了 30% 左右。

图 4-31　LT 法除尘器外观

（a）安装精除尘　　　　　　（b）ID 风机轴承振动　　　　　　（c）提高滤筒寿命

图 4-32　多孔过滤式除尘器外观

①LT 法除尘器原理

转炉在冶炼过程中会产生大量的高温烟气，炉口烟气温度达 1 500～1 600℃，经汽化冷却烟道降至 800～1 000℃，再进入蒸发冷却器。蒸发冷却器内部 16 支气雾喷嘴（工业净环水、蒸气）可将烟气冷却降温至 200℃左右，随后烟气进入圆筒式电除尘器进行精除尘。静电除尘器分别由平行布置的电极组成，这些电极通过 ESP 壳体接地，将需除尘的气体依次流经电极间通道、煤气通道的分布板及放电电极。放电电极为高压负电性条形带刺电极，由绝缘子支撑，因在放电电极周围存在高磁场密度而形成放电电晕，进而形成了带负电的粉尘电粒子。

在高压静电磁场的作用下，粉尘负电粒子流向阳极板，在正电极板上形成了电流，部分负极粉尘粒子附着在灰尘上，灰尘则吸附在阳极板（CE）上。从干煤气中收集到的灰尘沉积到电极上，通过 CE 振打周期性地由电除尘器下部的链式输灰机排出，经斗式提升机进入储灰灰仓。在轴流风机的引力作用下，烟气经消音器、切换站，其中，合格的煤气经煤气冷却器降温至 72℃后送往煤气柜，不合格的煤气经烟囱点火放散。

②多孔材料过滤式除尘器原理

该除尘器采用金属间化合物多孔材料作为滤芯，利用其通量大、阻力小、耐高温、过滤精度高等特性，在除尘器内部经过烟气中粉尘惯性、扩散、阻隔等作用，使粉尘被阻隔在滤芯外，实现了烟气颗粒物浓度超低排放。

3．炼钢废气排放治理

首钢迁钢炼钢作业部铁水预处理、转炉二次烟气、转炉三次烟气、精炼烟气、上料系统均配备独立的布袋除尘系统，按照超低排放治理要求，在连铸机上方、板坯切割处、钢包修砌点位等位置增加集尘装置，加强易产尘点位无组织烟气收集（图4-33）。通过对烟气的收集和净化处理，炼钢环境除尘颗粒物平均排放浓度降低到 5 mg/m³ 左右，远低于超低排放要求。

（a）大包转台收尘点位

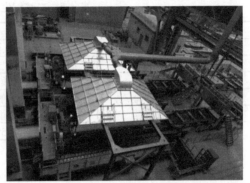
（b）连铸火焰切割收尘点位

（c）冷修包收尘点位

（d）屋顶除尘管道布置

图 4-33　炼钢现场集尘点位

（1）除尘器配备清单

一炼钢生产单元共有布袋除尘器 8 台，总设计风量为 510 万 m³/h（表4-4）。

表 4-4　一炼钢生产单元布袋除尘器

风机名称	负责点位	设计风量/（万 m³/h）
1#二次除尘风机	1#转炉二次烟气	55
2#二次除尘风机	2#转炉二次烟气	55
3#二次除尘风机	1#~3#转炉三次烟气	70
4#二次除尘风机	1#~3#转炉三次烟气	70
5#二次除尘风机	精炼烟气、连铸烟气	55
6#二次除尘风机	3#转炉二次烟气	55
7#二次除尘风机	铁水预处理、钢包修砌烟气	75
8#二次除尘风机	铁水预处理（脱硫）	75

二炼钢生产单元共有布袋除尘器 6 台，总设计风量为 480 万 m³/h（表 4-5）。

表 4-5　二炼钢生产单元布袋除尘器

风机名称	负责点位	设计风量/（万 m³/h）
1#环境除尘风机	4#转炉二次烟气、钢包修砌烟气	85
2#环境除尘风机	5#转炉二次烟气、钢包修砌烟气	85
3#环境除尘风机	铁水预处理（倒罐站）	85
4#环境除尘风机	铁水预处理（脱硫）、连铸烟气	85
精炼除尘风机	精炼烟气、连铸烟气	40
屋顶除尘风机	4#、5#转炉三次烟气	100

（2）超低排放达标改造

原布袋除尘器设计排放浓度≤30 mg/m³，通过除尘箱体扩容、升级滤袋材质等改造方案，实现了布袋除尘器的超低排放，颗粒物排放浓度稳定控制在≤10 mg/m³（图 4-34）。

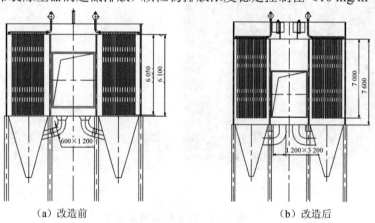

（a）改造前　　　　　　　　　　（b）改造后

图 4-34　除尘器结构

①除尘器箱体扩容改造方案

将除尘器箱体整体抬高 1.5 m，将滤袋长度由 6 050 mm 加长到 7 000 mm，从而增加了除尘过滤面积，减小了过滤风速，消除了因采用覆膜滤料而带来的除尘器阻力增加，并使排放浓度更加稳定；过滤风速由原来的 1.1 m/min 降到 0.9 m/min。改造除尘器灰斗进气口，扩大进风口尺寸，去掉进风口阀门，降低系统阻力。对滤袋材质进行升级，采用覆膜材料，提升除尘器过滤能力。

一炼钢生产单元 1#～4#二次除尘系统采用此改造方案，实现了超低排放。

②滤袋材质升级改造方案

最初曾考虑过通过除尘箱体扩容改造方案即箱体改造等措施实现超低排放，但是该方案存在施工工期长、投资高等弊端，经过与设计单位及多家厂家交流，选择了在其他除尘器上改造滤袋的方案，通过使用涤纶水刺超细面层滤料，在不影响透气性能的前提下，提高了滤料对粉尘的拦截效率。经过实践，该工艺在不增加系统阻力的前提下，可实现超低排放要求。

新型滤袋具有以下特点：表层为经水刺分裂的超细纤维，具有致密、细小的孔径，平均孔径可达 1～3 μm，与 PTFE 薄膜孔径相当，可提高过滤效率，减少排放；致密超细面层强度高、耐磨性强，可缓解并减少粉尘对滤袋表面的冲刷和磨损，保证滤料长时间稳定运行，延长寿命；降低运行阻力，节能效果明显，由于致密面层的存在，粉尘不易穿透到滤料中内部阻塞过滤通道，中层过滤层和里层支撑层为密度渐变的梯度结构，从表至里透气通道的倒"V"字形结构设计释放了过滤材料的过滤阻力。低浓度排放滤袋技术在滤袋加工上通过采取特殊工艺来消除漏点：一是在布袋成圆筒时采用热熔技术；二是在布袋底口采用超声波焊接技术；三是在布袋上口采用橡胶硫化技术。

4．板坯火焰清理烟气治理

为提升铸坯表面质量，炼钢作业部配套板坯火焰清理机一套，火焰清理机在火焰清理板坯过程中产生大量溶渣和烟尘。针对火焰清理烟尘，配套安装 WSDB 型湿式电除尘器（图 4-35）。该电除尘设计颗粒物排放能力≤25 mg/m³，为实现超低排放，选用电源升级改造技术方案，实现排放浓度≤10 mg/m³。

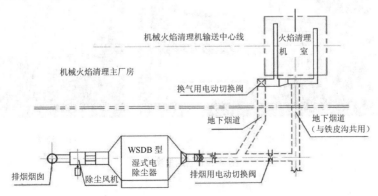

图 4-35 板坯火焰清理除尘器工艺

高频恒流电源在保留工频恒流电源原有特点的基础上，性能有所提升。与传统的工频电源相比具有以下特点：

● 转换效率更高，高频恒流电源电能转换效率大于 90%，节电效果显著；

● 三相供电平衡，工频恒流高压直流电源采用单相供电，由于运行功率较大，无法保证三相供电的平衡，HLG 高频恒流电源输入采用三相平衡供电，每相输入的电流相等且更小，一般可减少初级供电电流 50%以上；

● 输出的直流平均电压高，高频恒流电源输出电压纹波系数小，其平均直流电压接近其峰值输出电压，与工频恒流高压直流电源相比，其输出的直流平均电压更高，除尘效果更好；

● 火花控制特性好，高频恒流电源输出采用火花能级控制，对电场内火花反应速度快，火花熄灭速度达到亚微秒级，保证了除尘器工作的平稳；

● 与除尘器适应性好，高频恒流电源有效提高了电除尘器的收尘效率，减少粉尘排放量在 30%以上，特别适用于现役电除尘器常规电源的改造，成本低、工期短，效果显著。

5．钢渣处理废气治理

钢渣处理区域主要的粉尘源为翻渣作业、渣池开采、装车扬尘。为避免钢渣区域粉尘外溢，按照超低排放标准，首钢迁钢的钢渣处理场地均已按照要求进行全封闭。

钢渣处理区域配套 4 台旋流式除尘器，总设计风量为 60 万 m³/h。原钢渣处理区域在渣池上方设置可移动侧吸式集尘罩，但集尘效果不理想。钢渣场地密封后，改造为屋顶式集尘罩（图 4-36）。同时，在易扬尘点位增加喷雾抑尘装置，起到了较好的抑尘效果。经第三方检测，钢渣除尘区域颗粒物排放浓度为 8 mg/m³ 左右，符合超低排放要求。

（a）管道　　　　　　　　　　　　　　　　（b）外观

图 4-36　钢渣除尘

6. 套筒窑废气治理

炼钢用活性白灰的生产采用套筒窑，石灰石在环形套筒窑燃烧室焙烧后，成品活性白灰通过封闭式皮带通廊运至料仓。主要工艺如图 4-37 所示。

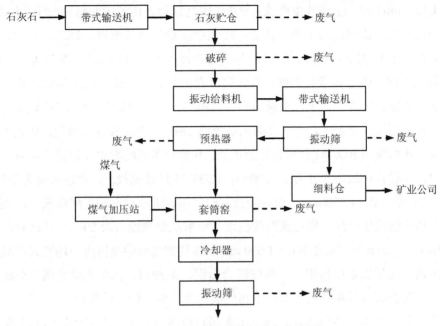

图 4-37 炼钢石灰高位料仓工艺流程

套筒窑区域的主要排放源为套筒窑焙烧烟气（颗粒物、SO_2、NO_x）及原料、成品倒运过程中产生的扬尘（颗粒物）。炼钢区域共有套筒窑 3 座，均配套窑顶布袋除尘器、原料成品布袋除尘器。套筒窑焙烧燃料为转炉煤气及部分精制焦炉煤气，比例为 9∶1。因燃料源头已采取脱硫等精制工艺且焙烧过程可控制燃烧温度，所以外排烟气中的 SO_2、NO_x 浓度较低，套筒窑区域通过配套建设布袋除尘器来去除烟气中的颗粒物，通过对除尘器滤料材质升级，已全面实现超低排放。

套筒窑共配套建设布袋除尘器 7 台，总设计风量为 89.9 万 m^3/h（表 4-6）。

表 4-6 套筒窑布袋除尘器

设备名称	治理设备	设计风量/（万 m^3/h）
1#套筒窑	1#窑顶除尘器	12
	1#原料除尘器	2.8
2#套筒窑	2#窑顶除尘器	12
	2#原料除尘器	3.4
1#、2#套筒窑共用	成品除尘器	30
3#套筒窑	3#窑顶除尘器	16.7
	3#原料成品除尘器	13

4.1.6 热轧工序污染物治理技术

热轧作业部拥有 2 条半连续式热轧带钢产线（一热轧生产线为 2 250 mm、二热轧生产线为 1 580 mm）和一条酸洗生产线。一热轧主轧线设备由德国西马克公司设计及制造，电气自动化系统由德国西门子公司供货，燃烧控制系统由首钢设计制造，年设计产量为 400 万 t，2006 年 12 月 23 日建成投产，产品规格为厚度 1.5～19 mm、宽度 750～2 130 mm，钢种涵盖低碳钢、优质碳素结构钢、高强度低合金钢、深冲钢、汽车用钢、锅炉和压力容器用钢、船板、管线钢、工程机械用钢、双相钢、多相钢和 IF 钢。二热轧主轧线设备由中国一重集团设计及制造，电气自动化系统由 TMEIC 公司设计及供货，加热炉燃烧控制系统及二级系统由 ROZAI 公司设计及供货，其他设备及配套设计和供货均为首钢国际工程公司，年设计产量为 380 万 t，2009 年 12 月 14 日建成投产，产品规格为厚度 1.2～12.7 mm、宽度 700～1 450 mm，钢种涵盖取向硅钢、无取向硅钢、酸洗板、冷轧料、特殊钢等。热轧酸洗生产线为推拉式酸洗机组，年酸洗处理能力为 80 万 t 热轧卷，产品规格为厚度 1.5～7.0 mm、宽度 700～1 600 mm。热轧酸洗板卷是国内市场新兴产品，钢种涵盖低碳钢、优质碳素结构钢、高强度低合金钢、深冲钢、汽车大梁用钢、车轮用钢、双相钢等，其表面质量和使用范围介于热轧板和冷轧板之间，性价比高。

酸洗工艺流程为合格的热轧带卷→吊车吊料至鞍座→上卷小车运送钢卷上卷并测径测宽→开卷机开卷与对中（CPC）→直头矫平→切头及切角→对中→缝合机预留（1.8 mm 以下）→入口活套→带钢立辊对中→预清洗→酸洗槽酸洗→漂洗段漂洗→烘干→出口活套→切头、分卷或切缝合缝→纠偏夹送→切边及碎边→张紧辊张紧→表面检查→静电涂油→立辊对中→带钢边部对中（EPC）→卷取机卷取→卸卷→打捆→称重与标记→输送→包装→入库（图 4-38）。

1．加热炉烟气治理

（1）热轧加热炉概述

首钢股份一热轧生产线于 2006 年建成投产，年产 400 万 t，共配备 4 座步进式加热炉（图 4-39），生产模式为 3 用 1 备。自投产以来，加热炉在使用过程中一直存在板坯热效率低、温度均匀性差的问题，热效率仅为 50%，中间坯长度方向温差达 70～80℃。近年来，首钢迁钢先后进行了烧嘴增加扩散片的改造、烧嘴空煤气开度调整等多项优化调试工作，板坯加热温度均匀性有所改善，但中间坯长度方向温差仍在 50～60℃。虽然温度均匀性有所改善，但仍无法满足优质、高效、节能、环保的要求。鉴于以上原因，首钢迁钢先后于 2013 年、2015 年和 2017 年组织一热轧生产线 2#、3#、1# 加热炉进行燃烧系统改造，主要改造内容为将加热炉调焰烧嘴改造为蓄热式烧嘴，并配套对燃烧控制系统也进行了改造。改造后的加热炉在节能降耗、增温均匀性、减少污染物排放方面效果

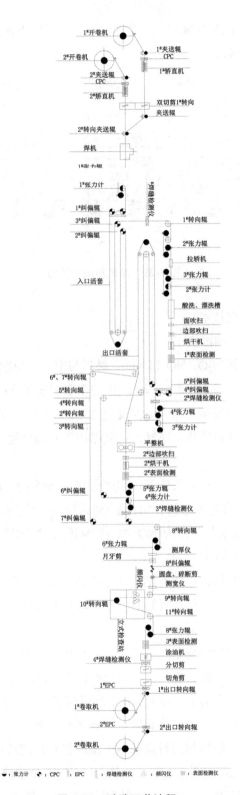

图 4-38　酸洗工艺流程

显著。其中，燃料节约率达 20% 左右，中间坯最大温差缩小到 20℃，烟气中 NO_x、SO_2 的排放量相应降低 12.5%。

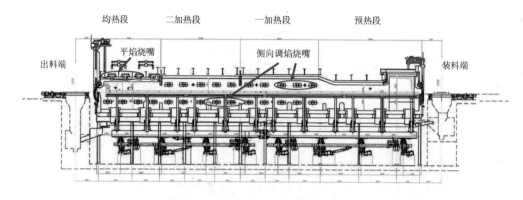

图 4-39 热轧加热炉结构

（2）加热炉低氮燃烧技术

①NO_x 生成机理和影响因素

氮的氧化物主要包括 N_2O、NO 和 NO_2。燃料与空气一起燃烧，由于空气过剩，N 和 O 在火焰中会产生热力型 NO_x。影响 NO 产生的主要因素如下：

一是火焰温度。实验表明，当火焰温度超过 1 300℃时，NO 的含量会增加。所以，任何使温度升高的过程（如预热、空气、过氧燃烧等）都会使 NO 的排放增加。反之，就会减少 NO 的排放。

二是燃烧空气系数。在缺氧条件下，燃烧会减少 NO 的生成。实验表明，随着空气系数的加大，NO 的含量会迅速增加。当出现 15% 的过量空气时，NO 就会达到最大值（相应氧含量为 3%，因此这个值可作为 NO 测量的标准）；当过量空气超过 15%，由于 NO 被烟气稀释，其含量开始减少。

三是反应时间。NO 的含量随着燃烧区中燃烧产物与化学物质接触时间的增加而增加，这个时间由火焰大小、燃料与氧的混合方式以及再循环强度决定。

②加热炉低氮燃烧技术应用

一热轧生产线的加热炉燃烧系统改造工程设计内容包括五部分，即炉本体系统、管路系统、排烟系统、仪表控制系统、公用配套附属系统设计及其他相关设计。

加热炉低氮燃烧技术采用了一种多流股、高温低氧、低 NO_x 左右组合式单蓄热烧嘴，属于加热炉和热处理炉单蓄热式燃烧装置，包括多孔烧嘴砖、空气蓄热箱、蓄热体、煤气喷管。多孔烧嘴砖由与炉墙相同材质的耐火浇注料整体浇筑成型，安装在空气蓄热箱的前端；蓄热体和煤气喷管安装在空气蓄热箱内；空气蓄热箱前端伸进炉墙 150 mm 与炉墙钢板连续焊接。这一技术优点在于，可以将助燃空气预热至 1 000℃以上，实现预热高效回收，降低燃料消耗。同时，这一技术采用贫氧燃烧机理，实现燃料在炉内贫氧燃烧，可以在燃烧过程中有效抑制 NO_x 的生成，大幅降低污染物的排放。

改造应用了计算机 CFD 计算模拟仿真等多项先进技术，加热炉燃料单耗降低了 10%～15%，氧化烧损下降了 0.2%，板坯出炉温差小于 20℃，烟气排放量减少了 15%，综合排烟温度控制在 200℃ 以下，NO_x 排放达到 92 mg/m³ 以下（表 4-7）。

表 4-7   加热炉低氮燃烧改造前后参数

项目	改造前	改造后
单耗/（GJ/t）	1.425	1.17
黑印温差/℃	～20	20
温度均匀性/℃	～50	20
氧化烧损率/%	～1.2	0.95
NO_x（O_2含量11%条件下）/（mg/m³）	170	82
出炉温度与目标温差/℃	～15	10
一级控制系统投入率/%	90	≥98
炉压控制精度/Pa	10～20	15±5
出炉温度/℃	1240	1240
煤气预热温度/℃	280	280
空气蓄热温度/℃	500	1050
排到大气烟气温度/℃	350	197
加热炉热效率/%	50.00	68.00

2. 精轧废气治理

热轧工艺带钢轧制过程（图 4-40）中主要污染物以粉尘为主，红热钢板经过精轧机轧制，轧机前后产生的大量氧化铁皮、铁屑粉尘与喷水冷却时产生的大量水蒸气形成混合体，向厂房各处扩散，红褐色的粉尘严重影响了轧机附近甚至整个厂房的环境，不仅损害了广大职工的身体健康和企业的良好形象，也造成了宝贵的铁粉资源浪费。按照环保"三同时"的原则，一热轧生产线于 2007 年在精轧机组 F4～F6、二热轧生产线于 2009 年在精轧机组 F5～F7 设计安装 2 套除尘设备，主要参数为过滤面积 5 675 m²、处理风量 320 000 m³/h。工作原理是在风机的负压作用下，热精轧机组所产生的烟尘经过捕集罩、进风管道进入塑烧板除尘器中部箱体（尘气室），粉尘被阻挡在塑烧板外表面的 PTFE 涂层上，洁净气流透过塑烧板外表面经塑烧板内腔进入净气室，并经排风管道排出。随着塑烧板外表面粉尘的增加，PLC（可编程逻辑控制器）控制系统可选择定时、差压、混合 3 种方式，并根据所选方式自动选择需要清灰的塑烧板，触发开启脉冲阀，将压缩空气反吹入塑烧板内腔中，将附着在塑烧板外表面的粉尘清掉，粉尘在重力及气流的作用下落入灰斗，再通过螺旋输送机和星型卸灰阀排出。在排灰的同时，振打器间断地振动灰斗仓壁帮助排灰。除尘原理如图 4-41 所示。

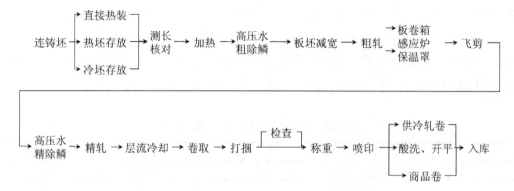

图 4-40　热轧工艺流程

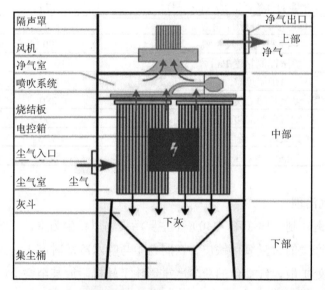

图 4-41　塑烧板除尘器结构原理

此外，除尘箱体前端还增加了除雾器，其作用是将烟气中由于降温饱和析出的液滴分离除去。通过现场实况数据分析，在保证除雾性能的情况下，综合极限雾滴粒径、液体残留量、压降、材料性质及其耐温性等因素，最终选择了 DH2100 二级除雾装置（图 4-42）。

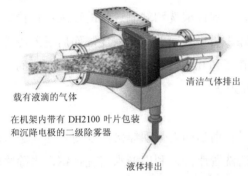

载有液滴的气体

清洁气体排出

在机架内带有 DH2100 叶片包装和沉降电极的二级除雾器

液体排出

过程条件	100%	单位
吸收塔出口流量（湿态、工况）	320 000	Am³/h
温度	70	℃
过程压力	−5 500	Pa·G
气体密度（暂定）	1.15	kg/m³
净面积	13.3	m²
除雾器表面速度	4.9	m/s
压降	140	Pa
极限粒径	19	μm

图 4-42 除雾器工作原理及设计数据

与此同时，在主烟道适当位置增加必要的泄水管，室外管道和箱体全面伴热保温，对喷吹方式等细节方面也进行了优化。设备投运以来运行平稳，烟气除尘效果良好，排放稳定达标。

4.1.7 冷轧工序污染物治理技术

首钢智新电磁公司采用冷轧生产工艺，主要生产取向硅钢和无取向硅钢，年产量达 150 万 t。主要工艺流程如图 4-43 所示。

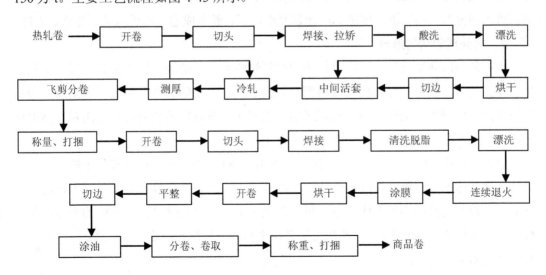

图 4-43 冷轧生产线工艺流程

1．工艺流程简介

（1）热轧带钢酸轧工序

冷轧带钢的原料为热轧带钢，由首钢智新热轧作业部供应。冷轧前，热轧带钢首先经开卷机开卷后进入拉矫机拉直，通过拉矫机的弯曲辊和矫直辊对板型进行拉伸矫直，改善板型；前后两卷带钢需通过焊机焊接，以保证酸洗和轧制过程的连续；焊接完成的带钢连续进入盐酸酸洗段和清水漂洗段，除去带钢表面的氧化铁皮，而后进入冷轧机组进行轧制。冷轧过程中采用油性乳化液对轧辊和轧件进行润滑和冷却。轧制后的带钢经飞剪剪断分卷后进入连退作业区进行再结晶退火。

（2）冷轧带钢退火工序

冷轧带钢首先经开卷机开卷后通过焊机将前后两卷带钢焊接，以便于连续进入退火炉。焊接完成的带钢连续进入连退机组的清洗脱脂段，利用碱水清洗带钢，去除冷轧过程中的乳化液，而后带钢进入漂洗段利用清水漂洗掉表面的碱液；清洗完毕的带钢连续进入退火炉进行热处理，消除加工应力，得到理想的组织结构。退火炉采用卧式连续退火炉，以煤气为燃料，炉内采用氢氮保护气氛。退火后的带钢连续经过涂层机进行绝缘涂膜，绝缘膜采用铬酸盐。涂层后的带钢进入涂层干燥炉、烧结炉进行干燥和烧结。退火、涂层后的带钢通过卷取机卷取成卷，进入精整作业区。

（3）冷轧带钢精整工序

退火后的冷轧带钢进入精整作业区，经过开卷机开卷后，首先经平整机进行带钢平整，去掉带钢表面的小缺陷并改善带钢板型，然后进入切边剪进行切边，切下的废边通过废边卷取机卷取收集后送炼钢作业部回收利用；切边后的带钢进入涂油机喷涂防锈油，最后进入切分剪、卷取机，按照生产计划要求切分、卷取成卷，而后包装、称重、入库。

2．热处理炉烟气治理

生产硅钢的热处理炉在生产过程中因燃料燃烧而产生的废气属于工艺废气，会直接排放到大气中，为了确保燃烧废气达到超低排放标准，首钢智新电磁公司采用清洁燃料作为能源，根据生产钢种的不同有所区别：生产无取向硅钢的热处理炉采用精制后的焦炉煤气，生产取向硅钢的热处理炉采用天然气。

热处理炉废气中的污染物主要有烟尘、SO_2、NO_x，为了保证所排废气中的污染物达到超低排放标准，首钢迁钢硅钢作业部组织技术、生产、设备等专业人员对上述污染因子的产生原因及污染物的组成进行分析，烟尘污染源主要是燃料、空气中的杂质以及燃烧不充分导致的积碳脱落，SO_2的浓度主要由燃料内的硫含量决定，NO_x主要是在燃烧过程中产生的。

通过专业人员的讨论研究，针对各类污染物产生的机理，硅钢作业部采取了燃料源头精制、燃烧过程控制、废气后续治理措施。

（1）燃料源头精制措施

燃料源头精制的主要目的是减少燃料中的硫含量，降低燃料中参与燃烧的硫含量，从而减少废气中的 SO_2 排放量。在焦炉煤气参与燃烧前对其进行精制，可降低燃料中的硫含量。为此，冷轧硅钢建设了 35 000 m^3/h 的焦炉煤气精制系统，配有 3 台焦炉煤气鼓风机、3 台冷却器、7 台脱硫塔、6 台脱萘塔、2 台加热器及其配套的控制系统，并同步加装了成品气的 H_2S 在线监测装置（图 4-44），通过对焦炉煤气脱硫脱萘及过程控制，确保成品气中的硫含量小于 15 mg/m^3；通过在线监测及手工监测对比，实时对成品气进行监控，使其能够达到燃料要求，最终参与燃烧。

图 4-44　焦炉煤气精制机组

（2）燃烧过程控制措施

由于燃烧废气会直接排放到大气中，燃烧过程控制成为影响污染物排放的重要因素。对于烟尘及 NO_x 的排放浓度控制，首钢股份采用了低氮燃烧技术、第三代蓄热式烧嘴技术（自行研发的专利技术）同时对炉温、炉压进行控制，以降低烟气中的残氧含量。

蓄热式燃烧技术，在国外称作高温空气燃烧技术（简称 HTAC 技术），是 20 世纪 80 年代以来在国际工业炉领域发展并得到大力推广的新型燃烧技术。它实现了高温助燃空气（1 000℃）在低氧气（2%～5%）条件下的特殊燃烧过程，有效地降低了烟气中 NO_x 等有害物，节能效果显著。该技术被国际专家誉为燃烧技术的革命，并预言今后 50 年内没有能超过它的高效、节能、环保技术，被认为是 21 世纪的关键技术之一。

首钢智新电磁公司通过现场生产实践探索不断创新，历时七年自主研发出第三代蓄热式烧嘴，可以大幅降低辐射管烧嘴的排烟温度，提高热能利用率，降低能耗 20% 以上，且辐射管表面温度均匀性大幅提高，有效降低了 NO_x 排放量及残氧含量（图 4-45）。该项技术为国内首创，达到世界先进水平，NO$_x$ 排放量在残氧 10% 左右的情况下，经过公式折算能够达到 NO$_x$ 排放浓度在 110～130 mg/m^3，满足超低排放标准要求。该技术同时也减少了积碳的产生，降低了废气中的颗粒物含量，经过监测，烟尘浓度基本在 6 mg/m^3 以下。

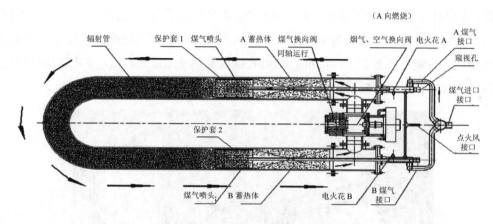

图 4-45　蓄热式煤气辐射管燃烧机工作原理

（3）酸再生废气治理

首钢智新电磁公司废酸再生站设置 2 套废酸再生系统，包括 2 座焙烧炉及其附属设施。目前，我国的焙烧法酸再生机组的 HCl 回收工艺都是将废酸浓缩后经喷枪雾化焙烧产生氧化铁粉和 HCl 气体，高温的 HCl 气体（380～420℃）经过文丘里废气洗涤塔吸收降温成 80～90℃气体，传统的洗涤塔以喷淋吸收方式能回收酸洗机组产生的大约 98% 的盐酸，但仍有 2% 左右的盐酸以挥发成酸雾的方式排放到大气环境中。为了继续降低酸雾中盐酸的含量，需要对酸雾吸收系统进行升级优化。

冷轧硅钢酸再生系统建设有 2 座处理能力为 6 m^3/h 的焙烧炉，焙烧炉以精制焦炉煤气为燃料，设置有废气净化装置，主要由废气风机、收集槽、氯化亚铁洗涤塔、文丘里废气洗涤塔组成。为了确保酸再生水洗塔废气能够达到超低排放标准，对冷轧硅钢 2 项再处理技术进行了交流和对比。

①酸雾冷凝、水膜吸收技术

该技术已经在国内多家酸再生机组投入生产并使用，主要工艺流程如图 4-46 所示。该技术改造完成后，能够达到气体排放温度≤50℃，排放废气中的颗粒物含量≤10 mg/m^3，排放废气中的 HCl 含量≤10 mg/m^3。

该工艺技术流程较为复杂，设备较多且需要提供 800 m^3/h 的循环冷却水，供水压力为 0.25 MPa，设备实际耗电量约为 40 kW·h，总工期需要 3～5 个月，投资较大，但是该技术从本质上彻底解决了焙烧废气酸雾及颗粒物含量容易超标的问题，且能够达到超低排放标准要求。

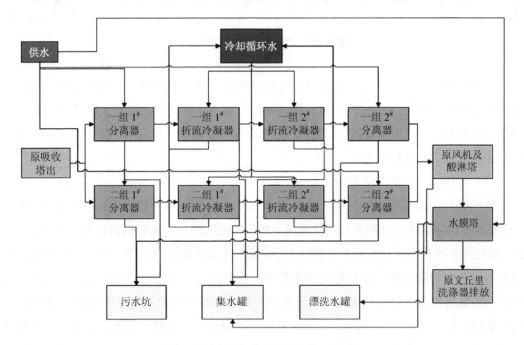

图 4-46 酸雾冷凝、水膜吸收工艺流程

②药剂喷雾抑尘技术

该技术凝结了日本 BEC 公司几十年经验的专业环保抑尘技术与经验，通过投加环保抑尘药剂与喷雾系统，对焙烧废气中的 HCl 进行有效吸收，对颗粒物进行包裹沉降。

该系统由主机、控制器、喷雾调节装置、分配器、喷雾喷头及支架等组成，可采用与生产线主动信号联动方式进行控制或利用人工远程操作盘或手持遥控器控制，使用普通的工业净循环水或城市自来水，水中无 0.3 mm 以上颗粒，如水质中颗粒物较大，可在系统入水口前加装小型过滤器。设备运行过程需要使用压力＞0.6 MPa 的压缩空气，流量根据系统设计确定。使用的粉尘抑制剂 BECD-10 对人及环境设备安全无害，经过严格的检测，可放心使用，一般情况下与水的比例为 1∶600～1∶800。该系统设备自动化程度高、维护简单、主机寿命长，综合效益明显。

相对于酸雾冷凝、水膜吸收技术，该工艺技术改造量具有工期时间短、投资少、见效快的特点，但其属于对烟气的后期治理，药剂单价较高，并且通过分析实际运行案例发现，该工艺由于喷淋量较大，药剂投加量较多，总体的运行费用相对偏高。

通过对不同酸再生焙烧炉废气治理技术的交流、讨论、对比，最终选择了更适合首钢智新电磁公司硅钢的药剂喷雾抑尘技术，并确定了技术路线（图 4-47）。

焙烧炉 → 双旋风分离器 → 预浓缩器 → 吸收塔 → 酸洗塔 → 水洗塔 → 粉尘抑制除尘 → 外排

图 4-47　药剂喷雾抑尘工艺流程

工艺流程确定后，首钢智新电磁公司合理安排人员、明确分工、倒排工期，按期完成改造工作，最终于 2018 年 10 月底投入使用。通过连续的数据监测，经过 BECS 粉尘抑制系统处理后的水洗塔烟气中颗粒物及盐酸雾均能降至 10 mg/m³ 以下，运行效果良好，完全达到了超低排放要求。

（4）布袋除尘系统改造升级

首钢智新电磁公司布袋除尘系统主要包括 1 台酸轧机组拉矫机铁粉布袋除尘系统、3 台酸再生机组焙烧炉铁粉布袋除尘系统、2 台常化酸洗机组抛丸机铁粉布袋除尘系统、2 台热拉伸平整机组氧化镁粉布袋除尘系统。其工作原理均为机组产生的铁粉在风机抽吸作用下进入布袋除尘器，通过布袋过滤将粉尘收集到粉尘仓中，过滤后的气体排入大气中。在超低排放前，外排到大气中的气体颗粒物基本均能满足不超过 15 mg/m³ 的指标，但不能确保满足达到超低排放的 10 mg/m³ 以下的目标。针对这一问题，首钢智新电磁公司召集各机组技术人员、设备管理人员对布袋除尘器的整体情况进行讨论分析，分析了系统的处理风量、风机型号、布袋的材质、过滤面积、运行压力以及多年运行中容易出现的问题等，另外还组织了多家除尘器厂家，布袋、滤筒制作厂家进行技术交流，最终确定了在原有布袋除尘器的基础上将滤料更换为高效折叠滤筒的改造方案（图 4-48），该滤筒具有维护简单、更换方便、寿命较长、破损率低的强大优势，通过增加过滤面积、降低过滤压力的方式加强了对颗粒物的拦截，达到了超低排放要求。

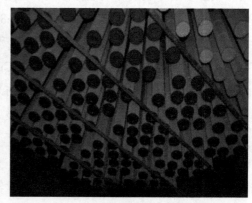

（a）改造前　　　　　　　　　　　　　　（b）改造后

图 4-48　除尘器改造

具体工艺路线如图 4-49 所示。

铁粉　→　管道　→　过滤器　→　风机　→　外排

图 4-49　布袋除尘器工艺路线

改造完成后，通过对外排气体的连续性监测发现，排放气体中的颗粒物含量远远小于 10 mg/m^3，运行效果满足设计要求，能够长期、稳定达到超低排放标准。

4.1.8　能源系统污染物治理技术

1．蒸汽联合循环发电机组烟气低氮燃烧技术

（1）设备简介

首钢股份能源部燃气-蒸汽联合循环发电机组包括 1 台 M701S（DA）150 MW 机组、2 台 251S 50 MW 机组。M701S（DA）机组主体设备包括一台燃气轮机（GT）、一台煤气压缩机（GC）、一台蒸汽轮机（ST）、一台发电机（GEN）和一台余热锅炉（HRSG），主体设备主要由日本三菱公司提供，其中余热锅炉由杭州锅炉股份有限公司提供。

（2）工艺流程

大气中的空气经过空气过滤系统过滤后进入空气压缩机，在压缩机中压缩后被强制送入燃烧室。高炉煤气通过煤气混合器、氮气混合器、湿式电除尘器进入煤气压缩机加压，进行加压升温后的煤气进入燃烧室与压缩空气混合燃烧。燃烧产生的高温气流进入透平，透平做功将高温高压气体转化为机械功时，其中一部分机械能用来驱动空气压缩机和煤气压缩机，另一部分机械能用来驱动发电机将其转化为电能。做功后的热烟气经排气扩散管和排气联箱管排放，经余热锅炉进行热交换产生高压高温蒸汽并被送至汽轮发电机实现联合循环发电，换热后的烟气通过烟囱排至大气（图 4-50）。

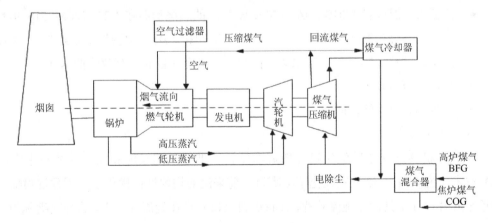

（a）M701S（DA）150 MW 机组

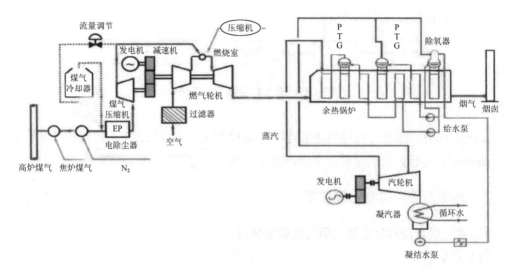

（b）M251S 50 MW 机组

图 4-50　燃气-蒸汽联合循环发电机组工艺流程

（3）燃气轮机燃烧室低 NO_x 燃烧技术

①NO_x 生成方式

燃烧型：燃料中的 N 通常以原子状态与 HC 结合，C—N 键的键能较 N≡N 小，燃烧时容易分解，经氧化形成 NO_x。火焰中燃料中的 N 转化为 NO 的比例取决于火焰区 NO 与 O_2 的比例。燃料中 20%～80%的 N 转化为 NO_x。

瞬时型：瞬时型 NO_x 产生量所占比例较小，而且随温度增加趋于平缓。

热力型：燃气轮机燃烧室中的 NO_x 主要由热力型 NO_x 生成方式生成。$T<1\,300℃$，NO_x 生成很少。$T>1\,300℃$，T 每增加 $100℃$，反应速率增大 6～7 倍。

②低 NO_x 技术原理

- 降低火焰温度［M701S（DA）150 MW 机组的燃烧初温在 $1\,250℃$，M251S 50 MW 机组的燃烧初温在 $1\,150℃$］，采用贫预混多喷嘴分级燃烧技术预混燃烧，可以通过事先调整好燃料与空气比达到控制火焰温度的目的，有效降低 NO_x。
- 降低 N_2 和 O_2 浓度。
- 减少燃烧反应停留时间。

③低 NO_x 技术实施

燃气轮机燃烧室通过优化设计燃烧器结构、调整火焰长度和高温区分布来实施低 NO_x 技术（图 4-51）。燃烧室优化了喷嘴进口前来流的均匀性；优化了外围预混喷嘴，采用透平叶片设计工具设计旋流叶片，并将燃料喷口开设在旋流叶片上，这种喷嘴称为"V"形喷嘴，可大幅提升燃料与空气混合的均匀度，并使喷嘴内部速度分布与当量比分布更加匹配，从而降低了回火风险；优化了燃烧室气动特性，通过增大值班喷嘴扩张锥形出口的面积来提升扩散火焰稳定性，保证在极低的扩散燃料比例下仍能获得稳定的扩散火焰；优化了燃烧室外壁面形状，减小预混喷嘴出口外围附近的回流区面积，通过缩小高温区范围来降低 NO_x 排放。此外，还采用声学谐振装置在火焰筒上设置抑制高频振荡的多孔谐振腔，在旁通阀通道上设置抑制低频振荡的谐振腔。在 60%～100% 的负荷范围内，燃气轮机生成的 NO_x 体积分数低于 15×10^{-6}，联合循环效率达到了 58.7%。

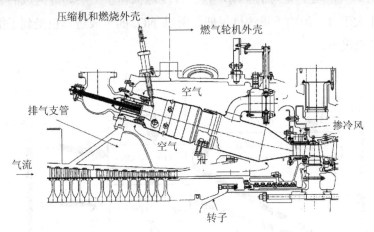

图 4-51 循环发电机组低氮燃烧装置

2．热电、背压发电机组烟气低氮燃烧技术

热电发电机组作为首钢股份最早投产的发电机组，长期以来一直安全顺稳运行，在完成发电任务的同时，保证综合管网低压用气和炼钢 RH 炉生产高压用气，安装 2 台 JG-130/5.3-Q 型次高压（5.3 MPa）中温（450℃）自然循环锅炉，锅炉整体布置为前吊后支的"Π"形布置；背压发电机组是首钢迁钢冷轧公辅工程配套建设项目，安装 1 台 NG-130/9.8-Q 型高压（9.8 MPa）高温（540℃）自然循环集中下降管倒"U"形布置的煤气锅炉，锅炉煤气燃料主要是高炉煤气、焦炉煤气和转炉煤气。

为了满足 NO_x 超低排放要求，首钢迁钢提出采用低氮燃烧器抑制燃料燃烧时产生的 NO_x，根据 NO_x 产生的机理决定对热电、背压发电机组锅炉燃烧器进行改造。

（1）燃烧器改造

①炉膛内部改造

燃烧器低氮改造方案以整个炉膛为整体燃烧单元，从整个炉膛的角度进行低氮设计。锅炉上下两层选取不同技术原理的低氮燃烧器，在不改动水冷壁的前提下，实现整个炉膛协调燃烧。从燃烧氛围的角度出发，将从下往上两层燃烧区域分别设计为还原性燃烧区域和弱氧化性燃烧区域。下层燃烧器选择 LCRS-2-Ⅰ型半预混强旋流燃烧器。保证在还原性气氛下，燃料和助燃风混合均匀，尽量避免出现局部氧化性的氛围，从而有效地抑制 NO_x 的生成进程。上层燃烧器选择 LCRS-2-Ⅱ型弱旋流分级配风燃烧器。通过分级配风，控制燃烧过程中火焰各部位的燃烧剧烈程度，避免出现局部氧浓度过高的区域，从而抑制 NO_x 的生成。

根据 NO_x 的生成和抑制原理（图4-52），在还原性气氛下，NO_x 或中间产物被还原成 N_2，因此在还原性燃烧区域只会生成微量的 NO_x。随着燃烧反应的进程，下层燃烧区域将生成大量的烟气，随炉膛向上流动，很大程度地稀释了上层燃烧区域的氧浓度，虽然该区域空燃比大于1，但由于氧浓度很低，所以 NO_x 的生成进程也受到了很好的抑制，NO_x 的生成量也很小。

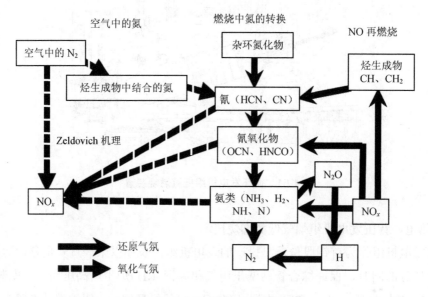

图 4-52 NO_x 的生成和抑制原理

②高效低氮燃烧器应用

每一台燃烧器本身就是按照高效低氮结构设计的。高效低氮低热值燃气燃烧器 LCRS-2（图4-53）的主燃料为高炉煤气，点火燃料为焦炉煤气。烟气中有害成分包括游离碳和 NO_x 两部分。LCRS-2 型燃烧器主要是通过优化设计旋流叶片使空气和煤气以合适的强度混合均匀，避免游离碳的生成，而降低燃烧过剩空气系数和火焰温度是减少 NO_x 的有效措施。燃烧器通过强化燃料与空气的混合来降低过剩空气系数，通过分级分段配风控制火焰各区域的氧浓度和温度，以减少 NO_x 的生产量。

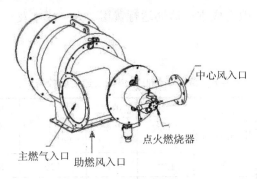

图 4-53　低氮燃烧器

同时，燃烧器各部分流体旋流装置的设计也充分考虑了炉膛的结构尺寸，在保证混合均匀的前提下，按照炉膛截面尺寸设计旋流装置的旋流强度，控制混合进程，既保证了混合均匀，又保证了火焰在整个炉膛内的充满度良好，避免局部温度峰值的出现，大幅降低了 NO_x 的生成。

焦炉煤气喷枪被布置于燃烧器的中心轴线上，喷枪外围设置旋流叶片式稳燃装置，保证可靠点火和稳定燃烧。稳燃装置和喷枪枪头均采用耐热钢 0Cr25Ni20 制作，以保证燃烧器的使用寿命。

（2）改造项目实施

燃烧器改造工程于 2018 年 8 月开始动工，历时 40 天，于 9 月改造完毕，进入动态调试阶段。9 月 17 日 15 时锅炉升负荷至 53.79 t/h，此时 NO_x 排放值为 21.8 mg/m³，升负荷过程中 NO_x 排放值一直比较稳定。9 月 18 日升负荷至 100 t/h 以上，NO_x 一直控制在 20 mg/m³ 左右。在达到满负荷 130 t/h 后，为了确保在各种工况下 NO_x 排放值均满足要求，又调整了各种工况参数，并根据工况调节燃料的不同配比方式，结果显示 NO_x 排放值均满足设计要求。

低氮燃烧器改造设计安装了烟气再循环系统，把从锅炉尾部抽取的低温烟气引入助燃风管道，与助燃风充分混合然后进入燃烧器风箱，烟气与燃烧空气混合后 O_2 浓度下降至 18%~20%，火焰温度降低至 100~150℃，采用本方法可将 NO_x 排放量在原有基础上降低 50%~70%。烟气再循环风机采用变频控制，可以在不同负荷下根据最佳燃烧工况要求合理精确调整混入的烟气量。通过对循环风机停运及转速调整发现，停止循环风机运行、锅炉运行工况不变时，NO_x 升高 20~40 mg/m³，颗粒物增加 1~2 mg/m³，炉膛氧含量略有增加。

（3）低氮燃烧效果

本次改造充分挖掘了燃烧器本身的潜力，通过局部改造，低氮燃烧器的降氮效率超过了 70%，NO_x 排放小于 30 mg/m^3，而且相对于 SNCR 及 SCR 的脱硝工艺，本次燃烧器低氮改造在改造周期、改造成本、后期运行费用、人工成本及二次污染问题上都有明显的优势（表 4-8）。

表 4-8　背压锅炉低氮燃烧改造前后数据对比

锅炉运行时间	锅炉主气流量/t	高炉煤气用量/万 m^3	转炉煤气用量/万 m^3	焦炉煤气用量/万 m^3	锅炉排烟温度/℃	炉膛出口温度/℃	NO_x排放/(mg/m^3)	炉膛出口氧量/%
2018.3.15	129.8	6.37	1.95	0.43	129	839	35	7
2018.3.17	128	5.36	2.25	0.41	127	842	94	6.86
2018.3.20	122	7.3	0.88	0.44	132	838	85.5	7
2018.4.1	127	10	0.72	0.07	151	820	61.7	6
2018.4.9	128.6	5.5	2.9	0.43	137	837	66.5	7
2018.4.18	125.6	10.5	0	0.03	150.8	835	35.7	4.81
2018.4.27	124.2	5.33	2.6	0.43	132	829	62.9	6
2018.10.5	**124**	**4.4**	**3.4**	**0.06**	**158**	**802**	**13.36**	**6.2**
2019.4.9	**126.6**	**3.93**	**3.58**	**0.08**	**135**	**777**	**27.39**	**5.65**
2019.4.15	**126.4**	**5.73**	**2.63**	**0.05**	**136**	**763**	**26.9**	**5.53**
2019.4.20	**125**	**1.68**	**3.8**	**0.41**	**139**	**786**	**33.2**	**5.97**
2019.8.31	**125**	**3.28**	**3.8**	**0.37**	**136**	**763**	**22.7**	**3.3**
2019.9.1	**124**	**2.58**	**3.77**	**0.37**	**144**	**785**	**19.3**	**3.9**
2019.9.2	**127**	**1.92**	**3.8**	**0.37**	**135**	**807**	**23.3**	**3.54**

注：加黑字体为改造后数据。

通过对比锅炉主数据发现，在锅炉负荷相同的条件下，炉膛温度下降了 50℃ 左右，一级减温水增加了约 2 t/h，二级减温水减少了约 2 t/h，NO_x 排放降低了约 35 mg/m^3，排烟温度基本相同（为保证 SO_2 不超标，背压锅炉掺烧大量高热值转炉煤气、焦炉煤气，如使用正常煤气燃烧会进一步降低炉膛温度进而降低排烟温度）。炉膛温度降低可以避免锅炉水冷壁及顶棚过热器局部超温及二级减温水用量减少，对锅炉安全运行是有好处的。

背压机组低氮燃烧器改造前后各随机取一个月的 NO_x 数据曲线进行对比（图 4-54）。可以看出，改造后的 NO_x 数据平均值均在 50 mg/m^3 以下，达到国家超低排放标准。

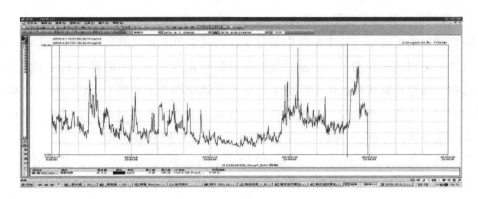

（a）改造前（2018 年 4 月）

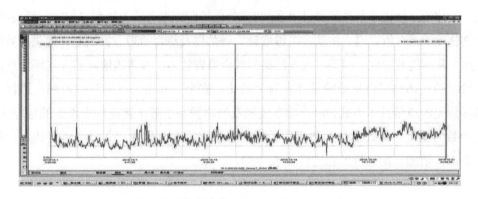

（b）改造后（2018 年 10 月）

图 4-54　背压锅炉 NO$_x$ 全月数据曲线

4.2　无组织管控技术

4.2.1　无组织智能化管控治平台建设

无组织排放治理是钢铁企业超低排放的共性难题，主要存在于物料存储、物料输送、厂区道路环境中，具有源头分散、数量众多、随机排放等特点，导致难以实现有效的系统治理和管控。因此，首钢股份联合多家污染治理单位针对钢铁行业物料存储区、物料输送区与厂区道路环境中无组织排放粉尘的产尘原因和扩散规律进行了系统研究，提出了钢铁企业无组织排放管控治一体化系统技术思路：对于物料存储区的无组织产尘源，采用图像智能识别技术，精准驱动超细雾炮、双流体干雾等抑尘技术装备；对于物料输送区，采用生物纳膜技术，实现在整个输送过程的粉尘源头抑制；对于厂区道路环境管控，采用清洁车辆优化调度技术；同时，利用大数据和物联网技术实现全厂无组织排放智能联动精准管控。

1．管控治一体化平台建设原则

综合抑尘系统比单一抑尘系统更加复杂，必须从整个系统的高度来综合考虑，每个除尘点之间是相互关联的，上下游之间的相互影响尤其突出，因此客观上要求整个控制系统的控制数据必须共享，由中控主工作站整体调配每个子系统的工作，从而高效、节能地完成除尘任务。整个控制系统以传感器技术（主要是通过检测粉尘浓度、物料含水量、小气象参数）为核心，以自适应算法为驱动，闭环控制整个系统。

管控治一体化平台系统通过建立钢铁厂大气粉尘监测网络，可实时、精准地对工业源无组织排放进行三维立体网格化、高分辨率综合监控，同时通过汇聚实时监测数据，再结合大数据分析及模型拟合，准确、快速地获取粉尘污染的来源、空间分布及其演变趋势等信息。管控治一体化平台系统通过"在线监测+监管监控平台"为管理部门进行源头控制、污染物传输通道分析、追责执法、多维取证、评估以及综合治理方案的制订提供有效的数据支撑，从而提升管理部门关于大气污染的综合监管能力，改善该地区的大气环境质量。

管控治一体化平台系统的设计本着"简捷、安全、实用、可靠"的原则，选择了目前国际领先的通信技术方式，该控制系统能及时掌握和了解工艺流程中设备的运行工况、工艺参数的变化，有效优化工艺流程，保证其稳定、安全运行，并降低运行成本，提高管理效率，增加长期运行的稳定性（表4-9）。

表4-9　管控治一体化平台建设规划描述

原　则	描　述
排放达标	新建系统必须确保无组织排放达标
源头抑制	从颗粒物产生的源头进行控制，从长流程工艺源头抑制颗粒物的产生，减少颗粒物的无组织散发
管控治	根据颗粒物产生的源头以及产生的特点，选择与之相应且适合的最佳技术进行离散点的无组织颗粒物散发治理，同时施行治理设施、监测网络、分析系统联动
经济性	在系统设计选型中，贯彻工艺技术先进、设备选型成熟合理、便于现代化组织管理、结构全面优化的原则，除考虑一次性投资成本外，还着重考虑使用的长期维保成本以及能耗成本；不得因提供垄断性或非标准设备而增加用户购置和使用成本
可靠性	选择成熟、稳定的工艺路线，对设备、仪表等选型本着可靠、适用的原则，同时针对尘源排放特点加大系统的灵活性，以适应颗粒物排放波动性的变化
创新性	平台对用户使用场景深度定制，将原有环保治理和监测设施有机地融入平台化管理中，提高生态环境管理的科技化、信息化程度，减轻人员工作负担，减少人力资源浪费
协调性	管控治符合现代化管理要求，符合正常治理逻辑，治理效果与数据关联一致，为管理提供统一的信息化数字平台，为用户提供定制化服务，以用户需求为中心进行改进
开放性	管控治一体化项目设计轻松支持用户二次开发，软件设计原理、语言结构、功能逻辑等对用户进行开放，兼容厂区现有所有环保治理设施、各类监测设施等，允许厂方技术人员全程参与开发过程
共享性	监测设施数据、环保设施工作状态、GPS定位等可实现可共享，具备标准数据格式转发和一点多传功能

管控治一体化平台设计原则如下：

（1）系统的安全性原则

系统的设计、安装、调试、维护符合国家行业有关规定和有关部门的技术防范要求。

（2）系统的可靠性原则

在控制原理、工控设备选型上，应选择抗干扰能力强、电磁兼容性和安全性符合现场工艺要求的国际品牌或国内知名品牌产品，为控制系统的设计和配置所提供的软件是当今国际计算机控制领域公认的稳定可靠、符合工业标准的实时操作软件，具有很高的容错能力。

（3）系统的先进性原则

充分考虑自动控制领域技术的迅速发展，参考目前自动控制设备的发展水平，融合具有国际先进性的成熟技术，在自动控制系统硬件和软件的选型上首选国际市场上的成熟产品，确保控制系统在交货时是目前市场上最先进、最新版本的产品。

（4）系统的易维护性原则

系统要易于管理，易于维护，操作简便。

（5）系统的可扩展性原则

本着长远发展的观点，考虑到技术更新、设备增加和改造的需要，该系统的软硬件应能方便地进行调整、修改、扩充，在采用新技术的同时保护现有的投资价值。

（6）系统的开放性原则

所有网络必须是完全开放的总线技术，符合国际公认的 IEC61158 网络标准总线，并具备良好的可连通性和互操作性，具备成熟的第三方连接能力，控制协议是广泛应用的标准协议，能体现当今计算机技术和信息技术的发展水平。

（7）系统的完善性原则

保证提供的系统是完整可靠、完全满足现场生产需要的，确保系统的硬件、软件的完整性和兼容性。

（8）性能价格比原则

在确保系统性能有效、稳定、可靠的基础上，在考虑系统先进性的同时，应在满足自动控制要求的情况下尽量降低系统造价，以达到最佳的性能价格比。

2．管控治一体化平台架构

按照钢铁企业无组织排放的特征及类别，将全厂无组织排放管控治一体化系统分为物料存储管控治系统、物料输送管控治系统以及厂区环境管控治系统，同时结合一体化系统中的大数据分析及污染预测模型技术，实现全厂无组织排放治理综合管控（图4-55）。

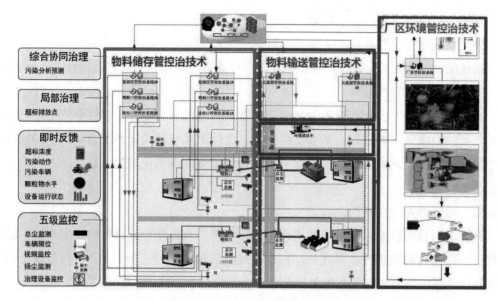

图 4-55　无组织排放管控治一体化系统架构

（1）无组织管控治平台架构的技术思路

①物料存储管控治系统技术

通过对物料存储区域无组织排放源进行及时精准的系统化治理，可有效减少物料存储无组织源头排放。一是视觉识别技术，通过车辆污染行为识别技术和粉尘烟羽特征图像识别技术，可精准定位无组织排放源的时空特征，再配合超细雾降尘技术可精准实施源头治理；二是超细雾降尘技术，采用先进超细雾装置，搭载定位技术，可高效精准降尘。

②物料输送管控治系统技术

通过对物料输送环节无组织排放源进行及时精准的系统化治理，可有效减少物料输送系统的无组织源头排放。一是生物纳膜源头抑尘技术，采用先进专利生物纳膜技术可从源头降低物料输送系统的无组织污染排放强度，实现源头减排；二是密闭导料技术，采用加强版皮带输运封闭技术可有效减少物料转运过程中的无组织污染物排放；三是负压收尘控制系统技术，采用物料输送除尘管路智能化控制系统可高效分配管路风量，对无组织污染排放进行针对性治理，有效节约除尘设备的工作能耗。

③厂区环境管控治系统技术

通过对厂区道路环境无组织扬尘源进行及时精准的系统化治理，可有效减少道路扬尘无组织源头排放。一是厂区道路扬尘特征识别技术，通过融合气象数据、省控站数据、厂区内监测微站数据及厂区生产活动数据，并采用因子分析技术可判断厂区内道路扬尘特征，为道路扬尘治理提供依据；二是厂区环境清洁车辆精准调度技术，通过识别判断厂区道路扬尘特征，结合空间热力分析结果，锁定道路扬尘污染坐标区域，采用优化调度算法调度环保清洁车辆快速前往、精准治理。

④系统化建设应用技术

一是人工智能（AI）技术，通过智能化工厂、无人作业可减少人工干预，使设备的使用和工艺深度结合，减少人工成本的投入；二是物联网技术，实现对物料存储、物料运输、厂区环境管控的虚拟数字化，通过人工智能技术实现全厂无组织污染超低排放系统管控；三是 4G/5G 通信技术，使采集数据传播速度更快，能极大提高治理效率，处理更及时、更精准、更高效；四是大数据分析技术，将前端采集以及各子系统报送的大量数据在一体化系统中进行数据挖掘，提炼重要影响因子并让数据可视化，提供系统智能决策参考依据；五是污染预测模型，通过建立污染扩散中小尺度数学模型，预测未来污染扩散情况，动态调整全厂无组织污染排放管控全局策略；六是系统软件及功能建设，通过优化系统建设及软件架构，使系统能够应对兆级数据，使数据读取、调用、统计、分析、再生等工作流畅、稳定地开展。

（2）无组织管控治平台架构的开发

①整体架构

管控治平台的整体架构主要由基础依据层、物联网系统、智慧云平台、应用层及用户层 5 个部分组成（图 4-56）。基础依据层的主要标准是工厂的排放源清单及政府颁布的政策、条令等相关文件。物联网系统主要由两部分组成：一是设备层，包括感知设备和治理设备，负责收集数据，并对采集到的信息进行预处理，其功能包括信息过滤、信息

图 4-56 管控治平台整体架构

分类等;二是传输层,由 4G/5G/光纤网络构成,负责把感知设备和治理设备采集到的各项数据导入系统中枢,同时在云计算中心发出指令后再将信号传输至治理设备,使治理设备针对污染点自动治理。智慧云平台负责在云端服务器进行大数据分析,建立模型,将数据可视化,能更好地呈现和展示业务。应用层是与用户交互的平台,在多种终端上提供应用程序。用户层是该平台的服务对象,使工厂内部的管理人员、运维人员对工厂日常各部分的管理更为方便快捷,也能让管理人员对工厂的治理效果有更直观的了解。

②软件架构

管控治平台的软件架构如图 4-57 所示,其中,代理层主要确保内部处理核心业务的服务器不对外暴露任何端口;数据存储层可提升查询数据性能,提供基础数据管理和指标数据存储等,在超大数据量的情况下保证性能。

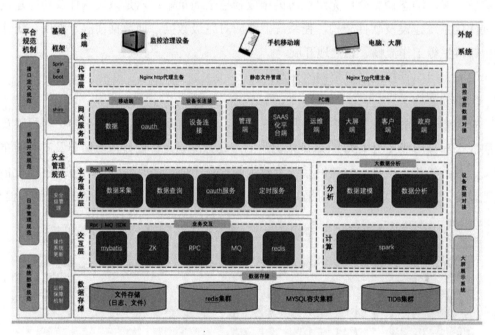

图 4-57　管控治平台软件架构

③联网结构

治理设备及部分联网的设施对接逻辑结构如图 4-58 所示,考虑首钢迁钢现有的通信网络水平及监控监测条件,在厂区内部部署私有云服务器。

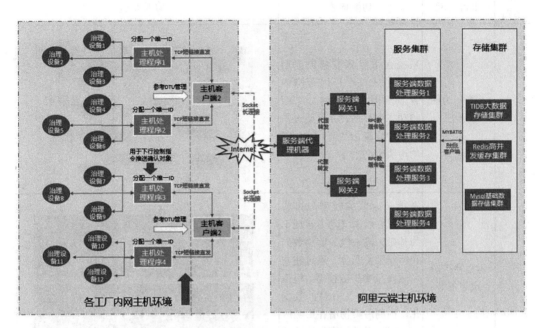

图 4-58　管控治平台联网结构

（3）无组织管控治平台系统的应用

①系统功能

管控治平台的系统功能见表 4-10。

表 4-10　系统功能汇总

需求类别	平台功能	功能描述	功能展示
集控平台	数据详情与对比	用户可以查询全厂任意点位的详细实时监测数据，同时系统连接国控点/省控点，与工厂环境数据进行数据对比	

需求类别	平台功能	功能描述	功能展示
集控平台	污染热力图分析	系统在采集到监测数据后自动生成整个厂区范围内各监测因子的实时分布图和动态变化图,并且通过扩散模型实现由"点"到"面"的污染分布展示	
	污染物扩散预测预警	系统结合气象模型与排放源清单,以大气动力学理论为基础,输入气象监测数据和污染监测数据,通过建立厂区污染物扩散模型,模拟污染物在大气中的扩散变化,预测污染物潜在影响区域,同时提供相应的快速解决方案	
	污染物溯源	平台能够利用厂界的监测设备以及厂区内各种监测设备所取得的数据,通过污染传输扩散模块、多维度快速解析技术、污染源排放清单技术、双方复合精准定位技术,快速精准地确定目标区域的污染成因,分清本地源与输入源及各种污染源的贡献,真正达成源头治理	
	记录库	系统可保存治理设备状态,治理过程、治理前后的污染数据等,确保所有过程有迹可循,方便未来可能的治理优化、方案整改等	

需求类别	平台功能	功能描述	功能展示
集控平台	视频库	依照《关于推进实施钢铁行业超低排放集控平台的意见》(环大气〔2019〕35号)要求,系统提供视频库,可保存自动监控、DCS(差式扫描量热分析)监控等数据一年,视频监控数据三个月,库内视频可随时回放	
	智能报告	在污染点数值超标的情况下,系统会及时警报,通知相关责任人;同时,通过日报、周报、月报等方式在大屏、电脑端、手机App等终端按时向管理人员汇报全厂的治理情况,对超标的产尘点提出整改意见	
排放源清单	无组织排放源清单	系统内置全厂所有工艺线的工艺流程图以及相应的无组织排放源清单,可以清晰地反映整场的排放源数量。受控点的数据是动态变化的,结合生产工艺工作状态、监测设备工作状态等其他信息综合计算的结果,客观反映整体排放源被管控的程度。排放源清单中内置《关于推进实施钢铁行业超低排放集控平台的意见》中对每个产尘点的规定,方便实时与政策要求进行对比	

需求类别	平台功能	功能描述	功能展示
监测监控系统	全厂三维网格化监测与管理	系统采用 GIS 地图技术与 3D 数字引擎对厂界、道路、工艺生产线、厂区环境等在内的全部监测点的站点信息和精测数据进行可视化展示。通过建立网格，实现 7 天×24 小时厂区全方位覆盖监测	
	设备状态监测	系统实时监控治理设备的运行状态、能耗数据，同时集中记录并保存	
车辆管理	车辆违章管理	通过视觉识别技术实时抓拍违规车辆，对车牌号、车标特征进行识别记录，对车辆未清洗、车辆未合盖等行为抓拍取证，实现从源头对运输车辆进行管理	

需求类别	平台功能	功能描述	功能展示
车辆管理	厂内调度	平台中设计有环保车辆优化调度系统,通过大密度监测网络、污染溯源、污染排放清单等技术实时调度环保车辆运行情况,并针对性地解决问题,避免全厂地毯式部署环保车辆,以节约成本	
治理系统	自动治理	系统连接厂内监测设备,通过粉尘烟羽特征识别及鹰眼系统实时对产尘点处的治理设备进行开关、调节,精准打击污染点,实现对无组织排放的全自动智能治理	

②系统界面

系统构建后的整体界面如图 4-59 所示。首钢迁钢建立了全厂区无组织排放源清单(共计 2 551 个),实现对 350 余处重点污染源的实时在线监测和重点管控,打通了从尘源点数据、扬尘行为、治理设备状态到污染治理效果的整条数据链,打破了传统单点治理模式,使无组织排放源"有组织化"地实现环保系统的自动化运行。

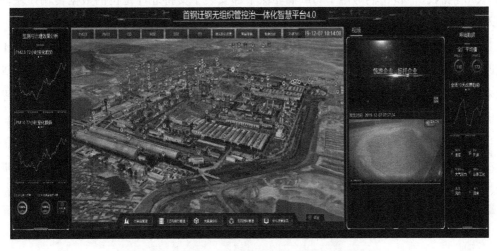

图 4-59　无组织排放管控治一体化系统应用界面

（4）以智能化技术降低企业环保成本

①鹰眼识别系统

针对钢铁行业无组织发散面源扩散比较广、位置变换频繁、散发时间点随意的特点，用智能设备替代人工监管，在堆场料棚使用鹰眼识别系统智能追踪作业过程中的扬尘行为。这套鹰眼识别系统应用了现有最先进的视觉系统，在整个大棚的顶端安装美国原装进口的 BASLER 视觉监控仪，夜晚和白天没有差别，360°无死角监控。鹰眼识别系统软件能够监控每一辆车，实时动态反映料棚内的车辆作业装卸情况，采用机器学习中的视频图像识别技术识别车辆行运，并精确定位粉尘污染位置，同时将采集到的数据快速反馈至云服务器，进行进一步的治理决策分析。

②厂区道路智能管控治系统

厂区道路分析是控制厂界内无组织粉尘污染的重要环节之一。在不同的气象条件下，粉尘颗粒对厂界内造成污染的区域不同，需要通过扩散模型判断厂界道路的重点污染区域，进而智能调度环境治理设备进行降尘治理，防止二次扬尘的发生。

厂区道路扬尘在线监测仪。厂区道路需要搭建扬尘在线监测系统，监测点位要能够代表全厂各指标的平均水平，每个道路交叉口需要布设 1 处环境监测点，道路线每 200 m 布设 1 处，监测点距离道路路边不超过 20 m。监测指标包括 $PM_{2.5}$、PM_{10}、风速、风向、温度、湿度、气压等，能够将监测到的数据实时反馈给云服务器，以便进一步分析并及时提供治理决策依据。

环境清洁车辆定位装置。首钢迁钢的环境清洁车辆需要加装 GPS 定位装置，以便在终端能够实时反馈环境清洁车辆的所在位置和行动轨迹，同时 GPS 定位能够为制定厂区道路智能管控治系统的环境设备智能调度方案提供必要信息。首钢迁钢目前共有 6 辆清扫车、6 辆洒水车和 3 辆雾炮车。每辆环保车都安装了支持北斗定位的数据传输模块，并接入无组织粉尘管控治一体化平台，以便进行监测和优化调度。

污染模型分析决策系统。依照首钢迁钢的扬尘在线监测数据（包括 TSP、$PM_{2.5}$、PM_{10}、风速、风向、温度、湿度等数据）分析当前的污染重点区域，同时结合污染扩散模型预测未来的重点影响区域，进一步生成并下发环境道路粉尘治理的智能化决策，形成智能排班计划，制定厂区特有的粉尘颗粒排放治理、预警、预防联动机制（图 4-60）。

环境设备调度系统。通过对厂区扬尘在线监测数据的实时分析，根据污染模型分析及决策结果，自动生成并下发环境清洁车辆调度指令。主要调度对象包括道路洒水抑尘车、树木冲洗抑尘车、道路清扫吸尘车等，系统可联动厂区各定点除尘、抑尘设备的运转。

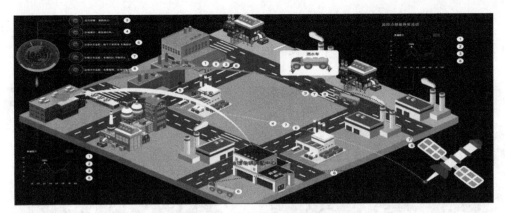

图 4-60 污染模型分析决策系统

3．违规行为监控系统

在料棚出入口外布设高清摄像头，采用优化的视频图像识别技术，配合车辆限位装置，对出料棚的车辆行为进行抓拍，捕捉不经过洗车台等行为，同时记录相应的车辆信息。

4.2.2 物料存储

首钢迁钢在有组织排放治理取得全面成效的基础上，开展无组织排放全方位梳理和整治工作。从 2015 年就开始组织对厂区 17 个原料棚逐步开展全封闭改造（图 4-61），共封闭料棚总面积达 18.06 万 m²，涉及投资总额为 3.4 亿元。同时，采取在每个料棚内均配置可响应的雾泡等抑尘设施，在料棚进出口配备全自动洗车台等措施（图 4-62），彻底解决原燃料及固体二次资源装卸、堆存无组织排放问题。

图 4-61 全封闭料棚   图 4-62 全自动洗车台

为了进一步减少物料倒运产生的无组织排放，首钢迁钢建设了 20 个、总贮存量达 14 万 t 的烧结矿筒仓（图 4-63），以提高应急能力，消除结矿落地倒运。

图 4-63　烧结矿贮存筒仓

4.2.3　物料输送

首钢迁钢自产矿粉、秘鲁加工粉、焦炭和水渣全部采用皮带运输。其中，自产粉（大石河低品精矿粉）由大石河铁矿经皮带运送至矿业公司烧结厂，秘鲁加工粉（大石河秘矿产粉）由大石河铁矿经皮带运送至矿业烧结厂，焦炭由迁焦公司经皮带运送至炼铁高炉，水渣由首钢迁钢皮带输送至嘉华公司综合利用。

为有效减少厂区除尘灰倒运的扬尘污染，建成了年输送能力达 24.6 万 t 的气力输灰管网 8.23 km（图 4-64），彻底解决了烧结、球团和炼铁工序除尘灰运输过程的二次扬尘问题。

图 4-64　气力输灰系统

区域内为了防止粉状物料拉运罐车（图 4-65）引起的二次扬尘污染，所有道路全部硬化处理，并采取清扫、洒水等措施保持路面清洁。

图 4-65 粉状物料拉运罐车

全区域建有物料输送、返料皮带 216 条，总长度达 12.96 km 的全封闭皮带通廊（图 4-66），完全满足 2 条生产线物料、返矿等密闭输送要求，消除了以上物料输送无组织排放问题。

图 4-66 全封闭皮带通廊

4.2.4 生产工艺控制

1. 高炉炉顶均压煤气回收技术

高炉炉顶煤气均压放散的工艺特点是介质工作压力为 0～0.25 MPa，在高压和常压状态之间循环交替、周而复始，每小时变换状态达 15 次，瞬时处理风量大（10～15 m^3/s）、持续时间短（15～20 秒）、噪声大。首钢迁钢高炉均压放散均采用传统方式，即均压时采用净煤气进行一次均压，采用氮气进行二次均压，放散时含粉尘的荒煤气通过消音器后直接对空放散，其含尘量为 20～30 g/m³。

随着京津冀地区环保要求的不断提高，高炉炉顶料罐均压放散煤气也越来越受到当地生态环境部门的关注。最新的《高炉炼铁工程设计规范》（GB 50427—2015）的"21.2 环境保护"中也明确要求，高炉炉顶必须设置排压煤气排放消音器，高炉必须设置炉顶排压煤气除尘，宜设置炉顶排压煤气回收装置。

2018 年 8 月，首钢迁钢三座高炉开始进行炉顶料罐均压放散煤气全量回收改造。高炉炉顶均压煤气回收的核心思想是将料罐放散的煤气经过净化后回收引入厂区净煤气管网，实现零污染、零排放、零噪声，并有效回收利用煤气，获取良好的经济效益和社会效益。该回收装置也是减轻炉顶消音器负荷、改善炉顶设备工况条件、回收能源、改善环境最有效的技术措施。

料罐均压放散（排压）煤气回收流程是料罐向高炉内布料完成后，在关闭下密后、打开上密前，须将料罐中的高压煤气放散（排压）。此时打开回收阀，料罐内高压煤气经旋风除尘器一次除尘后，进入布袋除尘器进行精除尘，经精除尘后的回收煤气通入喷碱塔。回收阀开启 3～5 秒（时间可调）后启动引射器，将料罐内低压残余煤气引入布袋除尘器。待料罐内压力降至上密能够打开的压力时，关闭回收阀，停止引射器。整个过程预计用时 15 秒。

采用以引射器为核心的强制回收装置能够实现炉顶煤气和粉尘全部回收，经济和社会效益明显，而且在日本等发达国家已实现工业化应用，具有广阔的应用前景。但是由于引射器设计难度较大，国内工业化应用尚未出现。

炉顶煤气全回收技术以自主开发的引射器为核心，一次粗除尘选用旋风除尘器，二次精除尘选用袋式除尘器，工艺流程如图 4-67 所示。料罐均压煤气回收过程可以分为自然回收阶段和强制回收阶段。在自然回收阶段放散出的均压煤气可直接通过引射器组件和除尘器精除尘后，将净煤气经由管道送往公司煤气管网低压段；在强制回收阶段，对于料罐放散的低压力煤气，需开启引射器组件将其引射至除尘器进行精除尘，再将净化后的煤气由管道送往公司煤气管网低压段。除尘后净煤气的含尘量小于 5 mg/m³。

料罐均压排放（排压）煤气回收结束后，打开回收管路吹扫阀，用一均煤气对回收管路及除尘器箱体进行吹扫和加热，以防回收管积灰和煤气冷凝水析出，吹扫时间根据装料时序设置。其中，引射气采用二均煤气，若二均煤气压力不足 0.2 MPa，则采用一均氮气。除尘器反吹采用二均煤气，若二均煤气气量不足，采用一均氮气。

如回收管路系统某个设备出现故障无法正常使用时，料罐排压煤气仍由现有消音器放散管路放散。

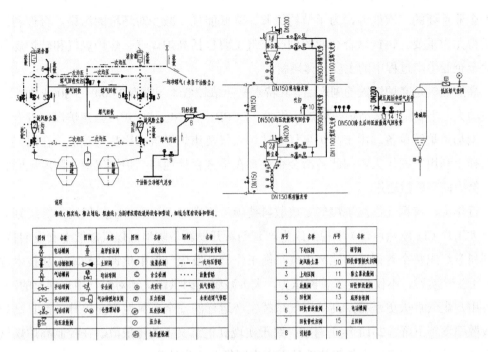

图 4-67　料罐均压放散煤气回收流程

旋风除尘器中的除尘灰随一均煤气离线反吹系统送入料罐。布袋除尘器中的除尘灰由现有干法除尘气力输灰系统输送至大灰仓。

首钢迁钢三座高炉至 2019 年 1 月全部完成炉顶料罐均压放散煤气全量回收改造（图 4-68），实现高炉炉顶装料系统零放散，三座高炉年回收煤气 7 000 余万 m^3，年减少对大气排放粉尘约 450 t。

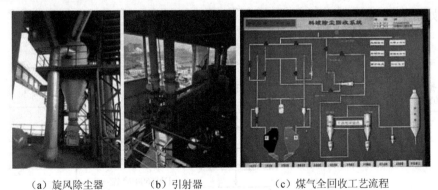

（a）旋风除尘器　　　（b）引射器　　　（c）煤气全回收工艺流程

图 4-68　全量回收高炉放散煤气工艺应用情况

2．高炉煤气零放散技术

钢铁联合企业在生产钢铁产品的同时会产生大量的副产品——煤气，这些副产品是钢铁企业重要的二次能源，为了节约能源、降低能耗、减少对环境的污染，合理利用煤气显得尤为重要。钢铁联合企业的副产煤气主要包括高炉煤气、焦炉煤气和转炉煤气，是冶金企业生产过程中的主要气体燃料。

高炉煤气是高炉炼铁的副产品，其特点是热值较低（一般为 $3\,000\sim3\,800\ kJ/m^3$）、产出波动大，主要用户是高炉热风炉、焦炉、CCPP、自备电站锅炉，与焦炉煤气混合后用于轧钢加热炉等设备。由于高炉煤气与转炉煤气及焦炉煤气相比热值较低，在煤气平衡的选择上利用空间较大，因此各冶金企业都在千方百计地将高炉煤气最大限度地回收利用，努力向零放散迈进。

近年来，首钢迁钢高炉煤气零放散科技项目逐步深入开展，从煤气用户等级划分、重点大用户（11 座热风炉）平稳组织生产到创新开发新型防泄漏煤气放散专利发明技术，再到科学组织整个首钢迁安地区煤气平衡工作、开发煤气柜柜位调节技术，新技术逐项应用于生产实践，不仅稳定了管网压力，大大减缓了因供需失衡对煤气用户调整的冲击，使各用户煤气点火更平稳，高炉煤气系统生产运行的安全可靠性明显提升，而且高炉煤气放散率逐年下降。2014 年 1 月初，终于实现真正意义上的零放散。在控制高炉煤气放散方面，首钢迁钢已经当仁不让地处于国内同行业领先地位。

目前，首钢迁钢采用高炉煤气放散塔进行剩余高炉煤气放散。高炉煤气放散塔建在厂区高炉煤气管网上，其工艺流程为高炉产生的荒煤气通过高炉集气管进入重力除尘器进行粗除尘，重力除尘器出来的粗煤气进入干法除尘，除尘后的净煤气送至厂区高炉煤气管网，高炉煤气放散塔建在 TRT（高炉煤气余压透平发电装置）及减压阀组后、送入厂区高炉煤气管网前，主要用于放散剩余的高炉煤气及稳定高炉煤气管网压力，从而使各用户能够充分、稳定地利用高炉煤气并保证高炉煤气管网的稳定、安全运行，具体工艺流程如图 4-69 所示。

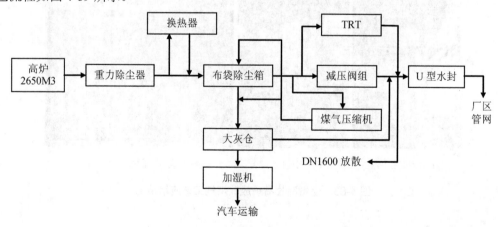

图 4-69 高炉煤气净化流程

首钢迁钢的高炉煤气放散系统包括放散蝶阀、放散调节阀、放散塔顶部的点火装置，通过点燃高品质焦炉煤气长明火来点燃剩余的高炉煤气。

做好煤气平衡工作是实现高炉煤气零放散的重中之重，一方面，应平衡好各用户的用量关系，使高炉煤气能够被完全利用，尽量减少放散；另一方面，根据用户的检修安排、生产节奏，将其退出的煤气及时调整给其他用户使用，避免出现个别用户"吃不饱"但还有放散存在的现象，真正意义上实现高炉煤气零放散。

总体来看，2014 年以来，首钢迁钢实现了高炉煤气零放散目标，减少了环境污染，改善了工厂周围环境，降低了因气体燃烧而产生 CO_2 的排放量。仅放散水封减少浪费的煤气量就达 4.7 万 m^3/h，按 50 MW CCPP 机组平均高炉煤气单耗 2.95 $m^3/$（kW·h）计算，每小时可多发电 1.59 万 kW·h，按年 50 MW CCPP 机组稳定运行 7 500 h 计算，可多发电 11 925 万 kW·h，为公司创造了巨大的经济效益。

3．热轧粗轧水雾抑尘技术

热轧作业部两线粗轧区拥有 4 架轧机（2160 轧线 R1、E2R2 两架，1580 轧线 E1R1、E2R2 两架），在轧制硅钢时有大量粉尘溢出，飘散在厂房内，存在环境污染风险。

热轧作业的主要污染物为夹杂水汽的氧化铁粉尘颗粒物，粉尘主要排放点为轧机入口和出口，由于粗轧轧机属于开放式轧机，前后附属设备较多，且无相邻可封闭依托设备，如果设计安装湿式电除尘或袋式除尘装置，现场除尘罩设计存在以下问题：一是集尘罩要将轧机前后及侧面全面覆盖，且由于轧机前后的附属管路及检测元件繁杂，集尘罩开口要足够大才能有效收集粉尘；二是由于轧钢高速和冲击的特性，轧机维护检修比较频繁，势必需要频繁拆装集尘罩，使湿式除尘或袋式除尘的检修难度大大增加。

（1）技术优势

为使本项目顺利落地，首钢迁钢曾多次与除尘厂家交流沟通并现场实地勘测，最终决定试用日本 BEC 公司水雾抑尘装置。该系统采用独有的抑尘剂，可大幅改变水滴的表面张力，增强与粉尘的亲和力；其泡沫抑尘技术可通过发泡器产生的泡沫使体积扩大 25 倍以上，进一步增强了对粉尘的捕捉能力，通过对物料表面进行包裹可从源头抑制粉尘的产生；抑制剂与水比例为 1∶600，后续调试时根据实际效果可调至 1∶800，是普通喷雾水量的 10%～15%，具有药液使用量少、用水量少的特点。

（2）设备构成

水雾抑尘装置的设备构成见表 4-11。

表 4-11　水雾抑尘装置设备构成

类　别	型　号	数　量
主机	BECS-80	1 台
控制器	—	1 套
喷雾调节装置	—	9 套
大流量喷嘴组件	—	31 套
螺杆式空压机	9 m^3	1 台
储气罐	3 m^3	1 个
配管	1 批	1 套
其他附属材料	—	1 套
主机保护罩	—	1 只

（3）方案实施和效果验证

2018 年 9 月 30 日，首钢迁钢完成抑尘设备的安装工作，R1 安装 8 支喷枪，R2 安装 23 支喷枪，当前设置为每支喷枪水量为 1.5 L/min，总水量为 46.5 L/min。抑制剂与水按 1：800 配比，R1 和 R2 同时开 1 小时，药剂耗量为 3.49 L。在调试过程中发现，普通型号粉尘抑制剂效果不是特别理想，后来现场收集粉尘返厂家进行实验，研发出新型号抑制剂，效果明显改善。后期还将不断优化抑尘装置并与生产同步启动，避免抑尘剂的浪费，进一步降低吨钢环保成本。现场实拍效果如图 4-70 所示。

（a）投入前　　　　　　　　　　　　　　　　　（b）投入后

图 4-70　抑尘装置投入前后对比

4.3 清洁运输

4.3.1 铁路运输

首钢迁安地区铁路线全长 208.87 km，其中正线里程 38 km。线路南起沙河驿镇站，北至水厂精矿站，由 1 条主干线和 5 条支线组成，沿线共设 16 个车站，主干线直连国铁交接站沙河驿镇站，首钢专用线内各存储点位以及产成品库均具备铁路运输直达条件（图 4-71）。首钢迁钢与中国铁路北京局集团有限公司唐山货运中心、唐山车务段、天津车辆段等单位建立了友好合作关系，同时在北京铁路局设立专人与路局的合署办公，协调路企相关业务，确保铁路运输装卸及车流到发顺畅。

图 4-71　厂区内的铁路线

首钢迁钢现自有机车 41 台，其中，内燃机车 24 台、电力机车 17 台；配备翻车机、挖掘机、卸车机等装卸设备 10 台（套）；敞车 195 辆、自翻车 344 辆、平车 33 辆。现有运输设备主要承担原燃料到达、产成品外发和内部保障供应等业务。

目前，首钢股份铁路运输整体卸车能力为 700 车/d（约 4.2 万 t/d），钢材产品装车能力为 260 车/d（约 1.43 万 t/d），全年铁路最大运输量可实现 2 000 万 t。在满足现有承载量的基础上，铁路运输网通过挖潜提效还具备 400 万 t 富余的运输能力，使公司物料火车运输比例达到 80% 以上。同时，首钢股份作为合资方出资建设水曹铁路，建成后除满足企业自身需求外，还辐射到沿线钢铁企业，为其提供运输服务。

4.3.2 清洁能源车的投入

首钢迁钢积极采用清洁能源运输车辆，自行配套建设 LNG 加气站，实现厂内倒运车辆和自购的清扫、洒水车辆全部为清洁能源或新能源汽车。目前，公司已备案负责热轧卷、硅钢产品外发运输的满足国五以上排放标准的汽车 111 台，用于清扫、洒水等环保用车 14 辆；同时，与中国人民解放军火箭军研究院合作开发了具有智能驾驶、远程控制等多种功能的首钢电动重卡运输车辆，载重可达 100 t，已部分引入厂内运输使用（图 4-72）。

（a）LNG 的清扫、洒水车

（b）国六燃油抽水车

（c）电动重卡运输车

图 4-72 多功能车

4.3.3 非道路移动机械

首钢迁钢厂内原有工程机械类车辆 39 辆，其中国二排放标准 17 辆、国三排放标准 12 辆、电动车 10 辆。对照《超低排放意见》要求，首钢迁钢迅速决策、积极组织，购置国三或新能源工程机械车辆 12 辆，用于替换原国二车型机械。目前，首钢迁钢厂内非道路移动机械全部为国三或新能源车型（图 4-73），并在生态环境部门完成备案。

（a）电动叉车

（b）电动拆包机

图 4-73　新能源车

4.4　监测监控系统建设

4.4.1　CEMS 系统配置

首钢迁钢加强对各污染源排放口的管控，主要排放口均安装了在线监控设备，实时检测污染物排放情况。全公司共安装 42 套在线监控设备，其中，废气在线监控设备 41 套、废水在线监测设备 1 套，均与生态环境部门监控平台联网，实时监控污染源的排放情况。

为满足钢铁企业超低排放要求，按照《固定污染源烟气（SO_2、NO_x、颗粒物）排放连续监测技术规范》（HJ 75—2017）和《固定污染源烟气（SO_2、NO_x、颗粒物）排放连续监测系统技术要求及检测方法》（HJ 76—2017）的要求，从 2019 年 2 月 1 日开始，首钢迁钢陆续对量程过高和其他不够完善的在线监测设备进行升级改造，涉及点位有迁钢 1# 高炉料仓除尘、出铁场 1# 除尘，迁钢 2# 高炉出铁场 1# 除尘，迁钢 3# 高炉出铁场 1# 除尘；迁钢 1# 套筒窑窑顶，迁钢 2# 套筒窑窑顶，迁钢 3# 套筒窑窑顶；迁钢一炼钢 1# 二次除尘（1#、2# 机共同带脱硫和倒换站）、6# 二次除尘（6# 带、3# 炉），迁钢二炼钢 2# 二次除尘；迁钢电力 150 MW 循环发电机组，迁钢电力 50 MW 循环发电 1# 机组、循环发电 2# 机组；迁钢电力热电机组，迁钢电力背压机组；迁钢一冷轧拉矫机焊机氧化铁粉除尘；首钢矿业 1#、2#、3# 烧结机尾，4#、5#、6# 烧结机尾；首钢矿业 360 平烧结机出口和机尾；球团 195 平脱硫出口（表 4-12）。

表4-12 首钢迁钢在线监测设施设备台账

序号	排口名称	监测因子	品牌	设备型号	量程
1	污水排放口	COD	聚光科技	COD-2000	0~100 mg/L
		氨氮	聚光科技	NH₃N-2000	0~20 mg/L
		总磷	聚光科技	TPN-2000（TP）	0~1 mg/L
		总氮	聚光科技	TPN-2000（TN）	0~50 mg/L
		pH 值	聚光科技	pH 计	0~12
2	迁钢 1#高炉料仓除尘	颗粒物	聚光科技	LSS2004	0~20 mg/m³
3	迁钢 1#、2#高炉料仓新除尘	颗粒物	聚光科技	LSS2004-LD	0~20 mg/m³
4	迁钢 1#高炉出铁场 1#除尘	颗粒物	聚光科技	LSS2004	0~20 mg/m³
5	迁钢 1#高炉炉顶除尘	颗粒物	聚光科技	LSS2004-LD	0~20 mg/m³
6	迁钢 2#高炉料仓大除尘	颗粒物	聚光科技	LSS2004-LD	0~20 mg/m³
7	迁钢 2#高炉料仓小除尘	颗粒物	聚光科技	LSS2004-LD	0~20 mg/m³
8	迁钢 2#高炉出铁场 1#除尘	颗粒物	聚光科技	LSS2004	0~20 mg/m³
9	迁钢 2#高炉炉顶除尘	颗粒物	聚光科技	LSS2004-LD	0~20 mg/m³
10	迁钢 3#高炉料仓大除尘	颗粒物	聚光科技	LSS2004-LD	0~20 mg/m³
11	迁钢 3#高炉料仓小除尘	颗粒物	聚光科技	LSS2004-LD	0~20 mg/m³
12	迁钢 3#高炉出铁场 1#除尘	颗粒物	聚光科技	LSS2004	0~20 mg/m³
13	迁钢 3#高炉出铁场 2#除尘	颗粒物	聚光科技	LSS2004-LD	0~20 mg/m³
14	迁钢 3#高炉炉顶除尘	颗粒物	聚光科技	LSS2004-LD	0~20 mg/m³
15	迁钢 1#套筒窑窑顶	颗粒物	聚光科技	CEMS-2000L	0~20 mg/m³
		SO₂			0~100 mg/m³
		NOx			0~300 mg/m³
16	迁钢 2#套筒窑窑顶	颗粒物	聚光科技	CEMS-2000	0~30 mg/m³
		SO₂			0~100 mg/m³
		NOx			0~268 mg/m³
17	迁钢 3#套筒窑窑顶	颗粒物	聚光科技	CEMS-2000	0~20 mg/m³
		SO₂			0~100 mg/m³
		NOx			0~268 mg/m³
18	迁钢一炼钢 1#二次除尘	颗粒物	聚光科技	LSS2004	0~20 mg/m³
19	迁钢一炼钢 2#二次除尘	颗粒物	聚光科技	LSS2004-LD	0~20 mg/m³
20	迁钢一炼钢 3#二次除尘	颗粒物	聚光科技	LSS2004-LD	0~20 mg/m³
21	迁钢一炼钢 4#二次除尘	颗粒物	聚光科技	LSS2004-LD	0~20 mg/m³
22	迁钢一炼钢 5#二次除尘	颗粒物	聚光科技	LSS2004-LD	0~20 mg/m³
23	迁钢一炼钢 6#二次除尘	颗粒物	聚光科技	LSS2004	0~20 mg/m³
24	二炼钢精炼除尘烟尘含量	颗粒物	聚光科技	LSS2004-LD	0~20 mg/m³
25	迁钢二炼钢 1#二次除尘	颗粒物	聚光科技	LSS2004-LD	0~20 mg/m³
26	迁钢二炼钢 2#二次除尘	颗粒物	聚光科技	LSS2004	0~20 mg/m³
27	迁钢二炼钢 3#二次除尘	颗粒物	聚光科技	LSS2004-LD	0~20 mg/m³
28	迁钢二炼钢 4#二次除尘	颗粒物	聚光科技	LSS2004-LD	0~20 mg/m³
29	二炼钢屋顶除尘	颗粒物	聚光科技	LSS2004-LD	0~20 mg/m³

序号	排口名称	监测因子	品牌	设备型号	量程
30	迁钢电力 150 MW 循环发电机组	颗粒物	聚光科技	CEMS-2000	0～20 mg/m³
		SO₂			0～100 mg/m³
		NOₓ			0～100 mg/m³
31	迁钢电力 50 MW 循环发电 1# 机组	颗粒物	聚光科技	CEMS-2000	0～20 mg/m³
		SO₂			0～100 mg/m³
		NOₓ			0～100 mg/m³
32	迁钢电力 50 MW 循环发电 2# 机组	颗粒物	聚光科技	CEMS-2000	0～20 mg/m³
		SO₂			0～100 mg/m³
		NOₓ			0～100 mg/m³
33	迁钢电力热电机组	颗粒物	聚光科技	CEMS-2000	0～20 mg/m³
		SO₂			0～100 mg/m³
		NOₓ			0～100 mg/m³
34	迁钢电力背压机组	颗粒物	聚光科技	CEMS-2000	0～20 mg/m³
		SO₂			0～100 mg/m³
		NOₓ			0～100 mg/m³
35	迁钢一冷轧拉矫机、焊机氧化铁粉除尘	颗粒物	聚光科技	LSS2004	0～20 mg/m³
36	首钢矿业 1#～6# 99 平烧结机出口	颗粒物	聚光科技	CEMS-2000L	0～20 mg/m³
		SO₂			0～100 mg/m³
		NOₓ			0～100 mg/m³
37	首钢矿业 1#、2#、3#烧结机尾	颗粒物	聚光科技	LSS2004	0～20 mg/m³
38	首钢矿业 4#、5#、6#烧结机尾	颗粒物	聚光科技	LSS2004	0～20 mg/m³
39	首钢矿业 360 平烧结机出口	颗粒物	聚光科技	CEMS-2000	0～20 mg/m³
		SO₂			0～100 mg/m³
		NOₓ			0～100 mg/m³
40	首钢矿业 360 平烧结机机尾	颗粒物	聚光科技	LSS2004	0～20 mg/m³
41	球团 195 平脱硫出口	颗粒物	聚光科技	CEMS-2000	0～20 mg/m³
		SO₂			0～100 mg/m³
		NOₓ			0～100 mg/m³
42	球团 220 平脱硫出口	颗粒物	聚光科技	CEMS-2000L	0～20 mg/m³
		SO₂			0～100 mg/m³
		NOₓ			0～100 mg/m³

改造完成后，按照生态环境部有关规范要求，168 小时稳定运行后进行 3 天调试，168 小时后再进行比对，由有资质的第三方出具报告后按验收要求组卷收集验收资料，向属地生态环境部门提交验收备案材料进行备案。

目前，首钢迁钢 42 个在线监测点位均已按照国家规范要求完成改造并进行联网验收；同时，通过公司自己开发的环保在线数据实时监控系统（图 4-74）对所有点位进行集中管控，按照国家超低排放标准在各个点位按照排放标准的 80%设定预警值。瞬时超过预警值的数据点位会变成黄色并发出报警声，提醒相关人员注意控制；瞬时超过超低排放标准的点位会变成红色并发出警报声，相关人员采取进一步措施进行控制。从而实现了各个排放口数据稳定达标运行，使在线监测点位满足超低排放要求。

环保点位	河北省特排限值	超低排放标准	监测值	环保点位	河北省特排限值	超低排放标准	监测值
烧结99平1-6#颗粒物	40	10	4.00	烧结99平1-6#二氧化硫	160	35	0.00
烧结99平1-6#氮氧化物	300	50	34.00	烧结99平一系列机尾颗粒物	20	10	8.36
烧结99平二系列机尾颗粒物	20	10	4.07	烧结360平颗粒物	40	10	1.53
烧结360平机尾颗粒物	20	10	0.00	烧结360平氮氧化物	300	50	26.41
烧结360平二氧化硫	160	35	12.06	烧结99平1-6#脱硫出口CO	5000	5000	2422.31
烧结360平稳硫出口CO (mg/m3)	5000	5000	3133.50	一般环发电氮氧化物	50	50	12.40
球团一系列颗粒物	40	10	4.78	球团二系列颗粒物	40	10	3.50
球团一系列二氧化硫	160	35	0.06	球团二系列二氧化硫	160	35	0.00
球团二系列氮氧化物	300	50	20.90	球团二系列氮氧化物	300	50	36.84
迁钢1#高炉料仓除尘颗粒物	10	10	0.00	迁钢1、2#高炉料仓除尘颗粒物	10	10	3.07
迁钢1#高炉出铁场除尘颗粒物	15	10	0.00	迁钢1#高炉出铁场除尘颗粒物	15	10	0.58
迁钢2#高炉料仓大除尘颗粒物	10	10	2.08	迁钢2#高炉料仓小除尘颗粒物	10	10	0.81
迁钢2#高炉料仓除尘颗粒物	15	10	2.05	迁钢2#高炉料仓除尘颗粒物	15	10	0.30
迁钢3#高炉料仓大除尘颗粒物	10	10	2.36	迁钢3#高炉料仓1#除尘颗粒物	10	10	2.73
迁钢3#高炉出铁场1#除尘颗粒物	15	10	4.64	迁钢3#高炉出铁场2#除尘颗粒物	15	10	5.32
迁钢3#高炉炉顶除尘颗粒物	15	10	1.27	1#窑前窑颗粒物	30	10	1.27
1#窑前窑二氧化硫	80	35	0.00	1#窑前窑氮氧化物	400	150	107.53
2#窑前窑颗粒物	30	10	1.90	2#窑前窑二氧化硫	80	35	0.80
2#窑前窑氮氧化物	400	150	43.69	3#窑前窑颗粒物	30	10	0.24
3#窑前窑二氧化硫	80	35	0.32	3#窑前窑氮氧化物	400	150	125.84
一炼钢3#二次除尘颗粒物	15	10	0.00	一炼钢4#二次除尘颗粒物	15	10	1.85
一炼钢5#二次除尘颗粒物	15	10	0.03	一炼钢6#二次除尘颗粒物	15	10	1.53
一炼钢1#二次除尘颗粒物	15	10	3.54	一炼钢2#二次除尘颗粒物	15	10	0.00
二炼钢1#二次除尘颗粒物	15	10	0.67	二炼钢3#二次除尘颗粒物	15	10	3.11
二炼钢2#二次除尘颗粒物	15	10	4.39	二炼钢4#二次除尘颗粒物	15	10	0.90
二炼钢铁钙除尘颗粒物	15	10	2.40	二炼钢屋顶除尘颗粒物	15	10	3.83
辅料拉拉机颗粒物	15	10	2.34	污水处理厂COD	30	30	0.92
污水处理厂氨氮	5	5	0.06	污水处理厂氨氮	15	10	8.05
污水处理厂总磷	0.50	0.30	0.03	一循环发电1#机组颗粒物	5	5	1.61
二海环发电2#颗粒物	35	35	7.00	二循环发电1#机组颗粒物	5	5	1.15
二海环发电2#机组颗粒物	5	5	1.48	二循环发电1#机组二氧化硫	35	35	9.92
二海环发电2#机组二氧化硫	35	35	9.76	二循环发电1#机组氮氧化物	50	50	14.99
二海环发电2#机组氮氧化物	50	50	13.42	迁钢自备电站颗粒物	5	5	2.56
背压发电颗粒物	5	5	0.02	迁钢自备电站二氧化硫	35	35	27.80
背压发电二氧化硫	35	35	8.56	迁钢自备电站氮氧化物	50	50	13.38
背压发电氮氧化物	50	50	25.44				

图 4-74　首钢迁钢环保在线数据实时监控

4.4.2　环境空气质量监测

钢铁企业无组织排放粉尘浓度在线监测是企业进行环境管理的"耳目"和重要手段，是政府政策制定的依据来源，能够准确、及时、全面地反映无组织粉尘的现状及变化趋势，为环境管理、环境规划、环境评价、污染源控制提供科学依据。首钢迁钢建立了完善的无组织排放粉尘在线监测平台，配置了 116 台环境监控分站，对料棚、配料间、破碎间、筛分室、皮带受卸料点等污染点源的产尘情况进行检测监控，安装了 129 套道路及厂区环境空气质量监测站，对厂区空气质量进行监测。

1．环境监控分站

环境监控分站根据粉尘扩散规律被部署在各产尘点附近（包括料棚、配料间、破碎间、筛分室、皮带受卸料点等产尘部位），利用颗粒物激光散射识别系统监测各个污染源源头的粉尘浓度变化（图 4-75）。总体布置原则为料棚出入口、皮带转接处（皮带长度每超过 100 m 中间加装 1 个）、破碎筛分受料处、布料小车区两端（布料长度每超过 100 m 中间加装 1 个）等点位，共配置 116 台。

图 4-75　污染源头安装的粉尘监测仪

2. 厂区空气质量环境监测点

首钢迁钢原有 31 套无组织粉尘监测设备，其中 2 套为 XHAQMS3000、剩余 29 套为 XHAQSN-808，在此基础上结合无组织管控一体化系统建设新增环境监测站 86 个，其中，沿参观道路布设的 12 个监测站配备 LED 显示屏（图 4-76）。另外，为加强对料棚环境空气质量的监控，在料棚出入口新增加 12 个环境空气监测站，形成了共计 129 个监测点位的高密度布局。环境空气质量监测站安装位置及分布情况见表 4-13。

图 4-76　环境空气质量监测站

表 4-13 环境空气质量监测站安装位置及分布

序号	安装位置	周边主要产尘点	监测因子
1	冷轧南路/冷轧西路路口	过往车辆产生扬尘	$PM_{2.5}$、PM_{10}、AQI、温度、湿度
2	冷轧南路/冷轧东路路口	过往车辆产生扬尘	$PM_{2.5}$、PM_{10}、AQI、温度、湿度
3	冷轧东门门岗北侧	过往车辆产生扬尘	$PM_{2.5}$、PM_{10}、AQI、温度、湿度
4	冷轧东路/冷轧一路路口	过往车辆产生扬尘	$PM_{2.5}$、PM_{10}、AQI、温度、湿度、风力、风向、大气压
5	冷轧西路/冷轧北路路口	过往车辆产生扬尘	$PM_{2.5}$、PM_{10}、AQI、温度、湿度
6	冷轧西路公共厕所	过往车辆产生扬尘	$PM_{2.5}$、PM_{10}、AQI、温度、湿度
7	冷轧北 15 号门	硅钢事业部北 15 号门厂房作业产生扬尘	$PM_{2.5}$、PM_{10}、AQI、温度、湿度
8	钢加 11 号门	热轧作业部 11 门厂房作业产生扬尘	$PM_{2.5}$、PM_{10}、AQI、温度、湿度
9	纬十路/经五路路口	停车场来往车辆产生扬尘	$PM_{2.5}$、PM_{10}、AQI、温度、湿度
10	合力楼西南角	合力楼楼前进出车辆	$PM_{2.5}$、PM_{10}、AQI、温度、湿度
11	热轧酸洗线北面 2 号门	过往车辆产生扬尘	$PM_{2.5}$、PM_{10}、AQI、温度、湿度、风力、风向、大气压
12	热轧酸洗线西北角	拉矿粉车辆产生粉尘	$PM_{2.5}$、PM_{10}、AQI、温度、湿度
13	酸洗北路/经二路路口	过往车辆产生扬尘	$PM_{2.5}$、PM_{10}、AQI、温度、湿度
14	经二路延长线北端基站	过往车辆产生扬尘	$PM_{2.5}$、PM_{10}、AQI、温度、湿度
15	车辕寨北门门岗	过往车辆产生扬尘	$PM_{2.5}$、PM_{10}、AQI、温度、湿度
16	六号门门岗	进出 6 号门车辆产生扬尘	$PM_{2.5}$、PM_{10}、AQI、温度、湿度
17	一废钢办公楼西南角	来往车辆产生扬尘	$PM_{2.5}$、PM_{10}、AQI、温度、湿度
18	矿粉料棚东侧球团门岗	过往车辆产生扬尘	$PM_{2.5}$、PM_{10}、AQI、温度、湿度
19	CCPP 发电厂办公楼东南角	过往车辆产生扬尘	$PM_{2.5}$、PM_{10}、AQI、温度、湿度
20	CCPP 发电厂门岗	进出燃气蒸汽联合先循环电站车辆	$PM_{2.5}$、PM_{10}、AQI、温度、湿度
21	一废钢东侧北门门岗	发电厂作业、进出拉料车辆产生扬尘	$PM_{2.5}$、PM_{10}、AQI、温度、湿度
22	二炼钢办公楼西北角	过往火车车辆产生扬尘	$PM_{2.5}$、PM_{10}、AQI、温度、湿度、风力、风向、大气压
23	煤气防护站东北角	进出大院车辆产生扬尘	$PM_{2.5}$、PM_{10}、AQI、温度、湿度
24	2# 平整水泵房东侧	过往车辆产生扬尘	$PM_{2.5}$、PM_{10}、AQI、温度、湿度
25	二热轧成品库 15 号门	厂房 15 号门热轧作业产生扬尘	$PM_{2.5}$、PM_{10}、AQI、温度、湿度
26	二炼钢铁合金库西南角	合金库拉料产生扬尘	$PM_{2.5}$、PM_{10}、AQI、温度、湿度
27	二热轧 8 号门	来往车辆产生扬尘	$PM_{2.5}$、PM_{10}、AQI、温度、湿度、风力、风向、大气压
28	纬七路/经五路路口	过往车辆产生扬尘	$PM_{2.5}$、PM_{10}、AQI、温度、湿度、风力、风向、大气压
29	综水北门	水泵房来往车辆产生扬尘	$PM_{2.5}$、PM_{10}、AQI、温度、湿度
30	二热轧 3 号门	热轧作业区厂房 3 号门作业产生扬尘	$PM_{2.5}$、PM_{10}、AQI、温度、湿度

序号	安装位置	周边主要产尘点	监测因子
31	纬六路/经五路路口	过往车辆产生扬尘	$PM_{2.5}$、PM_{10}、AQI、温度、湿度、风力、风向、大气压
32	综水南门	过往车辆产生扬尘	$PM_{2.5}$、PM_{10}、AQI、温度、湿度、风力、风向、大气压
33	空压机站四站大门	过往车辆产生扬尘	$PM_{2.5}$、PM_{10}、AQI、温度、湿度、风力、风向、大气压
34	饱和发电东南角	过往车辆产生扬尘	$PM_{2.5}$、PM_{10}、AQI、温度、湿度、风力、风向、大气压
35	二炼钢二次除尘东南角	过往车辆产生扬尘	$PM_{2.5}$、PM_{10}、AQI、温度、湿度、风力、风向、大气压
36	经三路/炼铁北路路口	过往车辆产生扬尘	$PM_{2.5}$、PM_{10}、AQI、温度、湿度、风力、大气压
37	二炼钢渣跨南门	二炼钢干法除湿作业产生扬尘	$PM_{2.5}$、PM_{10}、AQI、温度、湿度
38	电力办公楼东南角	来往车辆、二炼钢大烟筒产生扬尘	$PM_{2.5}$、PM_{10}、AQI、温度、湿度、风向、大气压
39	鼓风机东南门	鼓风机厂房产生扬尘	$PM_{2.5}$、PM_{10}、AQI、温度、湿度
40	炼铁南路东端公共厕所	来往火车、厕所、产生扬尘	$PM_{2.5}$、PM_{10}、AQI、温度、湿度
41	一炼钢渣跨南门	生产作业铺钢渣产生扬尘	$PM_{2.5}$、PM_{10}、AQI、温度、湿度
42	炼钢北路一次除尘配电室	一炼钢作业、拉钢包车辆产生扬尘	$PM_{2.5}$、PM_{10}、AQI、温度、湿度
43	经三路/纬四路路口	过往车辆产生扬尘	$PM_{2.5}$、PM_{10}、AQI、温度、湿度、风力、大气压
44	一炼钢精炼二次除尘北面	一炼钢四个大烟筒过往车辆产生扬尘	$PM_{2.5}$、PM_{10}、AQI、温度、湿度
45	中心西路南口	过往车辆产生扬尘	$PM_{2.5}$、PM_{10}、AQI、温度、湿度
46	一热轧四号门	热轧厂房 4 号门热轧作业产生扬尘	$PM_{2.5}$、PM_{10}、AQI、温度、湿度
47	热轧中路西口公共厕所	热轧厂房 11 号门作业、厕所产生扬尘	$PM_{2.5}$、PM_{10}、AQI、温度、湿度
48	一热轧水处理西南角	热轧厂房切割废钢产生扬尘	$PM_{2.5}$、PM_{10}、AQI、温度、湿度、风力、风向、大气压
49	水处理主电室东南角	钢卷生产拉钢卷车辆产生扬尘	$PM_{2.5}$、PM_{10}、AQI、温度、湿度
50	热轧办公楼西南角	热轧 4 号门钢卷生产产生扬尘	$PM_{2.5}$、PM_{10}、AQI、温度、湿度
51	纬三路东口断口实验室	过往车辆厕所产生扬尘	$PM_{2.5}$、PM_{10}、AQI、温度、湿度
52	一炼钢铁合金库西侧	过往车辆产生扬尘	$PM_{2.5}$、PM_{10}、AQI、温度、湿度
53	$1^{#}$套筒窑 1 号门	白灰车进出装卸料	$PM_{2.5}$、PM_{10}、AQI、温度、湿度、风力、风向、大气压

序号	安装位置	周边主要产尘点	监测因子
54	一炼钢铁合金库东南角	过往大车火车产生扬尘	PM$_{2.5}$、PM$_{10}$、AQI、温度、湿度
55	七号道口门岗	来往进出厂大车产生扬尘	PM$_{2.5}$、PM$_{10}$、AQI、温度、湿度、风力、风向、大气压
56	南料场翻车机东侧	过往火车装载机产生扬尘	PM$_{2.5}$、PM$_{10}$AQI、温度、湿度
57	南料场翻车机西侧	南料场2号棚4门装卸料、皮带上料	PM$_{2.5}$、PM$_{10}$AQI、温度、湿度
58	三号门东侧	南料场1号棚3门装卸料产生扬尘	PM$_{2.5}$、PM$_{10}$、AQI、温度、湿度、风力、风向、大气压
59	二废钢北门	过往车辆产生扬尘	PM$_{2.5}$、PM$_{10}$、AQI、温度、湿度
60	纬一路中段	南料场内外过往大车产生扬尘	PM$_{2.5}$、PM$_{10}$、AQI、温度、湿度
61	料场综合楼大门	南料场进出车辆产生扬尘	PM$_{2.5}$、PM$_{10}$、AQI、温度、湿度
62	一号门门岗	进出厂大车产生扬尘	PM$_{2.5}$、PM$_{10}$、AQI、温度、湿度、风力、风向、大气压
63	二号门门岗	过往火车大车产生扬尘	PM$_{2.5}$、PM$_{10}$、AQI、温度、湿度、风力、风向、大气压
64	二废钢厂房南侧	二废钢装卸废钢产生扬尘	PM$_{2.5}$、PM$_{10}$、AQI、温度、湿度
65	混均料厂房北侧	皮带上料、运料大车产生扬尘	PM$_{2.5}$、PM$_{10}$、AQI、温度、湿度
66	尘泥作业区门岗	进出尘泥作业区大车产生扬尘	PM$_{2.5}$、PM$_{10}$、AQI、温度、湿度
67	粗破1#棚下料口厂房西侧	铲车装卸料产生扬尘	PM$_{2.5}$、PM$_{10}$、AQI、温度、湿度
68	粗破北门门岗	火车、拉矿粉车产生扬尘	PM$_{2.5}$、PM$_{10}$、AQI、温度、湿度
69	粗破物资作业区办公楼北侧	料场装卸料产生扬尘	PM$_{2.5}$、PM$_{10}$、AQI、温度、湿度
70	烧结北门门岗	进出二烧结大院车辆产生扬尘	PM$_{2.5}$、PM$_{10}$、AQI、温度、湿度
71	烧结二烧配料室大门	皮带上料过往车辆产生扬尘	PM$_{2.5}$、PM$_{10}$、AQI、温度、湿度
72	烧结新烧一转运站	皮带上料过往车辆产生扬尘	PM$_{2.5}$、PM$_{10}$、AQI、温度、湿度
73	烧结360平主控室南侧	皮带上料烧结作业产生扬尘	PM$_{2.5}$、PM$_{10}$、AQI、温度、湿度
74	烧结新电气楼东南角	煤气管道、生产作业产生扬尘	PM$_{2.5}$、PM$_{10}$、AQI、温度、湿度
75	烧结返矿电磁战	煤气管道、皮带上料产生扬尘	PM$_{2.5}$、PM$_{10}$、AQI、温度、湿度
76	烧结南门门岗	进出烧结南门车辆产生扬尘	PM$_{2.5}$、PM$_{10}$、AQI、温度、湿度、风力、风向、大气压
77	球团制酸北侧	脱硫生产作业产生扬尘	PM$_{2.5}$、PM$_{10}$、AQI、温度、湿度
78	炼铁北路西口	皮带上料过往车辆产生扬尘	PM$_{2.5}$、PM$_{10}$、AQI、温度、湿度、风力、风向、大气压
79	烧结白灰办公楼西侧	装卸料车辆产生扬尘	PM$_{2.5}$、PM$_{10}$、AQI、温度、湿度
80	烧结白灰料棚南侧	装卸料产生扬尘	PM$_{2.5}$、PM$_{10}$、AQI、温度、湿度
81	小CCPP门岗	过往车辆产生扬尘	PM$_{2.5}$、PM$_{10}$、AQI、温度、湿度

序号	安装位置	周边主要产尘点	监测因子
82	球团办公楼西北角	过往车辆产生扬尘	$PM_{2.5}$、PM_{10}、AQI、温度、湿度
83	二炉料仓除尘东南角	皮带上料过往车辆产生扬尘	$PM_{2.5}$、PM_{10}、AQI、温度、湿度
84	场外路边	装卸料车辆产生扬尘	$PM_{2.5}$、PM_{10}、AQI、温度、湿度
85	场外路边	装卸料车辆产生扬尘	$PM_{2.5}$、PM_{10}、AQI、温度、湿度
86	场外路边	装卸料车辆产生扬尘	$PM_{2.5}$、PM_{10}、AQI、温度、湿度
87	烧结南料场 2 号门	烧结南料场 2 门装卸料车辆产生扬尘	$PM_{2.5}$、PM_{10}、AQI、温度、湿度
88	烧结南料场 1 号门	烧结南料场 1 门装卸料车辆产生扬尘	$PM_{2.5}$、PM_{10}、AQI、温度、湿度
89	粗破料场 1 号棚 6 号门	粗破料场 1 号棚 6 门装卸矿粉产生扬尘	$PM_{2.5}$、PM_{10}、AQI、温度、湿度
90	粗破料场 1 号棚 7 号门	粗破料场 1 号棚 7 门装卸矿粉产生扬尘	$PM_{2.5}$、PM_{10}、AQI、温度、湿度
91	粗破料场 2 号棚 5 号门	粗破料场 2 号棚 5 门转卸矿粉产生扬尘	$PM_{2.5}$、PM_{10}、AQI、温度、湿度
92	南料场 1 号棚 2 号门	南料场 1 号棚 2 门装卸料车辆产生扬尘	$PM_{2.5}$、PM_{10}、AQI、温度、湿度
93	南料场 1 号棚 5 号门	南料场 1 号棚 5 门装卸料车辆产生扬尘	$PM_{2.5}$、PM_{10}、AQI、温度、湿度
94	南料场 2 号棚 1 号门	南料场 2 号棚 1 门装卸料车辆产生扬尘	$PM_{2.5}$、PM_{10}、AQI、温度、湿度
95	南料场 2 号棚 3 号门	南料场 2 号棚 3 门装卸料车辆产生扬尘	$PM_{2.5}$、PM_{10}、AQI、温度、湿度
96	1#高炉炉台	—	$PM_{2.5}$、PM_{10}、AQI、温度、湿度
97	2#高炉炉台	—	$PM_{2.5}$、PM_{10}、AQI、温度、湿度
98	3#高炉炉台	—	$PM_{2.5}$、PM_{10}、AQI、温度、湿度
99	先河 91 粗破料场 5049	火车、装卸料、过往车辆产生扬尘	$PM_{2.5}$、PM_{10}、NO_2、CO、SO_2、O_3、AQI
100	先河物资循环作业区 5073	料场装卸料车辆产生扬尘	$PM_{2.5}$、PM_{10}、NO_2、CO、SO_2、O_3、AQI
101	先河一废钢 5064	料场装卸废钢产生扬尘	$PM_{2.5}$、PM_{10}、NO_2、CO、SO_2、O_3、AQI
102	先河烧结南料场 5093	过地泵车辆, 焦丁、焦墨产生扬尘	$PM_{2.5}$、PM_{10}、NO_2、CO、SO_2、O_3、AQI
103	先河二废钢 5071	渣子废料场来往车辆产生扬尘	$PM_{2.5}$、PM_{10}、NO_2、CO、SO_2、O_3、AQI
104	先河水渣料场 5091	过往车辆产生扬尘	$PM_{2.5}$、PM_{10}、NO_2、CO、SO_2、O_3、AQI
105	先河 5030 烧结西门	过往车辆产生扬尘	$PM_{2.5}$、PM_{10}、NO_2、CO、SO_2、O_3、AQI

序号	安装位置	周边主要产尘点	监测因子
106	先河烧结一烧结机尾 5029	路边过往车辆产生扬尘	$PM_{2.5}$、PM_{10}、NO_2、CO、SO_2、O_3、AQI
107	先河烧结白灰作业区 5081	料场装卸料产生扬尘	$PM_{2.5}$、PM_{10}、NO_2、CO、SO_2、O_3、AQI
108	先河球团汽车横 5055	装卸矿粉产生扬尘	$PM_{2.5}$、PM_{10}、NO_2、CO、SO_2、O_3、AQI
109	先河东配楼南 18011 小型站	停车场过往车辆产生扬尘	$PM_{2.5}$、PM_{10}、NO_2、CO、SO_2、O_3、AQI
110	先河汽车受料站 5019	装卸料车辆产生扬尘	$PM_{2.5}$、PM_{10}、NO_2、CO、SO_2、O_3、AQI
111	先河配水泵站北 4143	过往车辆产生扬尘	$PM_{2.5}$、PM_{10}、NO_2、CO、SO_2、O_3、AQI
112	先河综合水中心 5040	过往车辆产生扬尘	$PM_{2.5}$、PM_{10}、NO_2、CO、SO_2、O_3、AQI
113	先河一污水 4959	过往车辆产生扬尘	$PM_{2.5}$、PM_{10}、NO_2、CO、SO_2、O_3、AQI
114	先河东配楼北 18043 小型站	过往车辆产生扬尘	$PM_{2.5}$、PM_{10}、NO_2、CO、SO_2、O_3、AQI
115	先河二炼钢钢跨 4159	钢渣过往车辆产生扬尘	$PM_{2.5}$、PM_{10}、NO_2、CO、SO_2、O_3、AQI
116	先河一炼钢一次除尘 4875	厕所过往车辆产生扬尘	$PM_{2.5}$、PM_{10}、NO_2、CO、SO_2、O_3、AQI
117	先河质监站 5013	过往车辆产生扬尘	$PM_{2.5}$、PM_{10}、NO_2、CO、SO_2、O_3、AQI
118	先河 3 号套筒遥 4194	拉白灰车辆产生扬尘	$PM_{2.5}$、PM_{10}、NO_2、CO、SO_2、O_3、AQI
119	先河 1 号套筒窑北 4134	来往车辆产生扬尘	$PM_{2.5}$、PM_{10}、NO_2、CO、SO_2、O_3、AQI
120	先河办公楼东 5044	过往车辆产生扬尘	$PM_{2.5}$、PM_{10}、NO_2、CO、SO_2、O_3、AQI
121	先河一热轧 9 号门 5072	过往车辆产生扬尘	$PM_{2.5}$、PM_{10}、NO_2、CO、SO_2、O_3、AQI
122	先河热轧办公楼东南 5074	火车、过往车辆产生扬尘	$PM_{2.5}$、PM_{10}、NO_2、CO、SO_2、O_3、AQI
123	先河原线材厂房西门 5088	过往火车产生扬尘	$PM_{2.5}$、PM_{10}、NO_2、CO、SO_2、O_3、AQI
124	先河迁钢 6 号门 5015	过往车辆产生扬尘	$PM_{2.5}$、PM_{10}、NO_2、CO、SO_2、O_3、AQI
125	先河首钢迁钢南 4106	停车场来往车辆	$PM_{2.5}$、PM_{10}、NO_2、CO、SO_2、O_3、AQI
126	先河矿业北门北 5095	钢渣废渣产生扬尘	$PM_{2.5}$、PM_{10}、NO_2、CO、SO_2、O_3、AQI
127	先河环境公司 5016	过往车辆产生扬尘	$PM_{2.5}$、PM_{10}、NO_2、CO、SO_2、O_3、AQI
128	先河 36 号门南 4123	过往车辆厕所产生扬尘	$PM_{2.5}$、PM_{10}、NO_2、CO、SO_2、O_3、AQI
129	先河首钢迁钢北 4184	过往车辆产生扬尘	$PM_{2.5}$、PM_{10}、NO_2、CO、SO_2、O_3、AQI

4.4.3 DCS 系统建设

首钢迁钢 DCS 系统建设主要依托公司建厂之初合理的信息化基础架构和各个站所完备的自动化控制系统，在此基础上进一步将生产与环保数据进行整合，利用 ActiveFactory 趋势软件将相关数据、曲线、报表直观地进行展示，形成智能动态的环保管控。

该系统大体分为 2 个部分：①网络基础信息化架构（图 4-77）。环保数据采集采用设备实时数据采集和数据库数据采集两种方式，设备实时数据采集用于进行环保数据实时监控，数据库数据采集用于数据统计分析。②基于 ActiveFactory 趋势软件开发的环保与生产数据分析平台。ActiveFactory 趋势软件是 Wonderware 公司名下的一款趋势、分析和报表软件,能提供一整套数据和趋势曲线展示功能(图 4-78),可以使存储在 Wonderware 的 IndustrialSQL Server™ 实时工厂历史数据库的数据最直观地显示。通过简单的点击式对话可以使一个组织中所有级别的个人方便地访问工厂和过程数据,任一级别的用户都可以通过他们的桌面电脑或者互联网方便地访问工厂的实时数据和历史数据。这样就可以通过分析这些数据,快速、有效地制定决策,提供灵活和强大的生产与环保趋势分析功能。

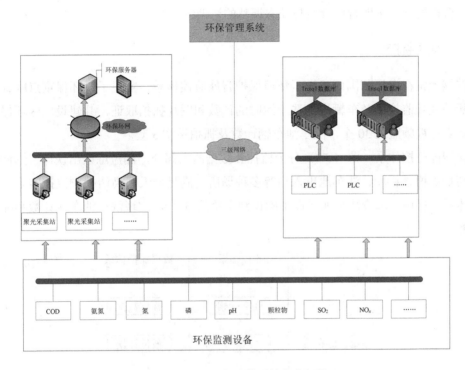

图 4-77　DCS 网络基础信息化架构

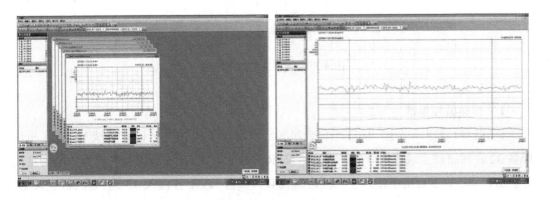

图 4-78　DCS 趋势曲线

首钢迁钢通过 DCS 系统的应用，既能够实时掌握所有有组织点位的实时数据和环保设备运行情况，保证各个有组织点位环保设备的正常运行、点位数据在合理的区间内波动、各点位小时均值始终被控制在超低排放范围以内，又能将各个点位的生产数据与环保数据有机结合，最大限度地降低环保设备的运行负荷，通过环保数据与生产数据曲线进行比较，实时掌握两种曲线运行趋势，第一时间对相关设备进行调整，做到经济稳定的有组织污染物智能管控，为首钢迁钢环保设备的平稳运行保驾护航。在以后的环保管控中，首钢迁钢将不断探索如何通过信息化手段，将有组织管控和无组织管控统筹到一个大平台框架下，实现智能管控与动态调整的协调统一。

4.4.4　视频监控

首钢迁钢在全厂范围内建设了环境保护智能监控体系，实现了对环保重点区域日夜不间断的视频监控以及车辆进出洗车池时的计数和图片抓拍取证，共建设厂区环保宏观及重要点位视频监控 30 个，洗车池车辆计数及抓拍系统 3 套。

该智能监控体系（图 4-79）分为监控和数据两大部分，涵盖炼铁出铁口、炼钢转炉口、高炉矿槽、料场、洗车池出入口等多种场所，满足全天候高清视频监控需求。数据抓拍体系在料场、水渣洗车池建设车牌识别系统共 3 套，实现洗车池车辆计数和抓拍数据功能。

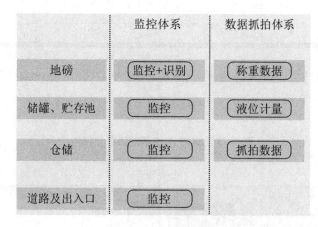

图 4-79　智能监控体系网络

1．视频监控系统

整套视频监控体系主厂区区域包含星光级网络摄像机 30 台（矿业区域 16 台），机房配备 32 路网络硬盘录像机（以下简称"NVR"）3 台。NVR 安装于生产指挥中心调度大厅机房，其中，2 台用于接入主厂区区域视频，每台 NVR 各接入 15 路摄像机信号；另外 1 台 NVR 接入矿业区域 16 台摄像机信号。为满足环保局对视频录像文件至少保存 90

天的需求，共配置 48 块 6 TB 硬盘进行视频存储。视频监控点位明细见表 4-14。

表 4-14 视频监控点位明细

序号	区域	所属区域	照射区域	安装位置
1	炼铁	1#高炉	1#高炉 1#出铁场	1#高炉 1#出铁口
2			1#高炉 2#出铁场	1#高炉 2#出铁口
3			1#高炉 3#出铁场	1#高炉 3#出铁口
4			1#高炉炉顶	2#高炉 70 m 平台
5			1#高炉矿槽（料仓）	1#高炉 70 m 平台
6		2#高炉	2#高炉 1#出铁场	2#高炉 1#出铁口
7			2#高炉 2#出铁场	2#高炉 2#出铁口
8			2#高炉 3#出铁场	2#高炉 3#出铁口
9			2#高炉炉顶	3#高炉 70 m 平台
10			2#高炉矿槽（料仓）	2#高炉 70 m 平台
11		3#高炉	3#高炉 1#出铁场	3#高炉 1#出铁口
12			3#高炉 2#出铁场	3#高炉 2#出铁口
13			3#高炉 3#出铁场	3#高炉 3#出铁口
14			3#高炉 4#出铁场	3#高炉 4#出铁口
15			3#高炉炉顶	2#高炉 70 m 平台
16			3#高炉矿槽（料仓）	3#高炉 70 m 平台
17	炼钢	一炼钢	一炼钢厂房顶部	2#高炉 70 m 平台
18			一炼钢 1#转炉	一炼钢 1#转炉口
19			一炼钢 2#转炉	一炼钢 2#转炉口
20			一炼钢 3#转炉	一炼钢 3#转炉口
21		二炼钢	二炼钢厂房顶部	3#高炉 70 m 平台
22			二炼钢 4#转炉	二炼钢 4#转炉口
23			二炼钢 5#转炉	二炼钢 5#转炉口
24		东配楼	炼钢区域制高点一个	东配楼楼顶平台
25	能源	制氧	制氧空分塔	制氧空分塔顶部
26		综水	综水中心事故水塔顶部	综水中心事故水塔顶部
27	原煤作业区	迁钢南料场	迁钢南料场 1 大棚入口	迁钢南料场 1 大棚入口
28			迁钢南料场 2 大棚入口	迁钢南料场 2 大棚入口
29			迁钢南料场 2 大棚中段	迁钢南料场 2 大棚中段
30			迁钢南料场 2 大棚出口	迁钢南料场 2 大棚出口

2．数据抓拍体系

主厂区内数据抓拍体系包括 3 套计数抓拍机（摄像机、补光灯、雷达），机房配备计数抓拍服务器 2 台，实现对南料场西侧、北侧洗车池以及水渣洗车池车辆的计数和图片抓拍。配置 NVR 1 台，对车辆驶出洗车池的过程进行录像，NVR 满配 6 TB 硬盘。计数过程通过车牌相机实现对进出洗车池车辆信息（车牌）的登记，标准车牌车辆可通过管理机实现车牌号码和抓拍图片的灵活检索；非标准车牌可实现图片抓拍与计数，但不记录车牌信息。主厂区洗车池设备监控点位安装明细见表 4-15。

表 4-15　主厂区洗车池设备监控点位安装明细

序号	所属区域	抓拍区域	安装位置
1	南料场	南料场西侧洗车池出口	南料场西侧洗车池出口立柱
		南料场北侧洗车池出口	南料场北侧洗车池出口立柱
2	水渣	水渣洗车池出口	水渣洗车池出口立柱

4.4.5　环保设施分表计电

工业企业分表计电环保在线监控系统分别在生产设施及治污设施安装独立的智能电表，通过监控实际用电量实现对企业生产经营、治污设施运行状况的实时在线监控。

首钢迁钢在全工序 117 套环保治理设施安装了分表计电系统，企业管理部门和各级生态环境部门均能随时通过监控平台或手机 App 查看企业环保设施运行情况，监控平台具备数据的统计、分析、报警提醒等功能，可以实现治污设施和生产设施的运行状态、用电情况、报警情况的日报、月报、年报查询和下载功能，可以查看报警状况的处理状态等。分表计电监控及计量系统如图 4-80 所示。

（a）高压侧分表计电计量系统　　　　　　（b）低压侧分表计电计量系统

（c）分表计电远程传输

序号	终端名称	终端类型	+
1	2160精轧机除尘基站	G04-IV型网关(LORA)	>
2	1580精轧机除尘基站	G01-I型网关(LORA)	>
3	酸再生配电窑基站	G01-I型网关(LORA)	>
4	2#apl电气室基站	G01-I型网关(LORA)	>
5	酸扎10kv高压配电室基站	G01-I型网关(LORA)	>
6	酸洗主电室基站	G01-I型网关(LORA)	>
7	3#套筒窑驱动风机基站	G04-IV型网关(LORA)	>
8	炼钢5#高压配电室基站	G04-IV型网关(LORA)	>
9	炼钢6#高压配电室基站	G04-IV型网关(LORA)	>
10	炼钢3#高压配电室基站	G04-IV型网关(LORA)	>
11	炼钢1#高压配电室基站	G04-IV型网关(LORA)	>
12	炼钢2#高压配电室基站	G01-I型网关(LORA)	>
13	炼钢1#2#套筒窑公共低	G01-I型网关	

勘查汇总

首钢集团有限公司矿业公司

单元档案汇总	监测点信息汇总	监测设备汇总
设备类型		数量
CJJ-XL1001-2.6A (LORA)(MC1000L)		4
CJJ-XL401-2.5A (LORA)(MC400L)		6
EEM-IVC-100V (LORA)(ME100-1.5L)		16
G01-I型网关(LORA)		8
G04-IV型网关(LORA)		2

序号	终端名称	终端类型	+
1	球团10kv高配基站	G01-I型网关(LORA)	>
2	球团二系列脱硫脱硝配电室基站	G01-I型网关(LORA)	>
3	6000伏一系列高压配电室	G01-I型网关(LORA)	>
4	123烧结主电基站	G01-I型网关(LORA)	>
5	456烧结主电基站	G01-I型网关(LORA)	>
6	7#烧结360平高配室基站	G01-I型网关(LORA)	>
7	123456脱硫脱硝基站	G01-I型网关(LORA)	>
8	冷风配电窑基站	G01-I型网关(LORA)	>
9	白灰窑1+2窑顶除尘基站	G04-IV型网关(LORA)	>
10	白灰窑3+4窑顶除尘基站	G04-IV型网关(LORA)	>

（d）分表计电 App 监控平台

图 4-80　分表计电监控及计量系统

　　分表计电系统安装完成后，进一步提升了企业环保治理和精细化管控水平，实现了精准减排。同时，分表计电在线系统的应用也提高了生态环境部门的工作效率和监管精准度。

参考文献

[1] 张文爽，万利远，周云龙. 烧结烟气超低排放技术路线的工程应用进展[J]. 矿业工程，2019，17（4）：49-51.

[2] Zhan G，Guo Z. Basic properties of sintering dust from iron and steel plant and potassium recovery[J]. Journal of Environmental Sciences，2013（6）：1226-1234.

[3] 王亚军，齐树亭，孟庆强. 烧结烟气脱硫颗粒物的变化特性[J]. 环境工程学报，2015（10）：392-396.

[4] Chun T，Long H，Di Z，et al. Novel technology of reducing SO_2 emission in the iron ore sintering[J]. Process Safety & Environmental Protection，2017，105：297-302.

[5] F Gao，Tang X，Yi H，et al. A Review on Selective Catalytic Reduction of NO_x by NH_3 over Mn–Based Catalysts at Low Temperatures：Catalysts，Mechanisms，Kinetics and DFT Calculations[J]. Catalysts，2017，7（7）：199.

[6] 蔡茂宇. 烧结/球团烟气臭氧氧化结合 SDA 法硫硝协同控制技术研究[D]. 贵阳：贵州大学，2020.

[7] Sang W B，Roh S A，Sang D K. NO removal by reducing agents and additives in the selective non-catalytic reduction（SNCR）process[J]. Chemosphere，2006，65（1）：170-175.

[8] Cai Jianjun，Zheng Wenheng，Wang Quan. Effects of hydrogen peroxide，sodium carbonate，and ethanol additives on the urea-based SNCR process[J]. The Science of the total environment，2021，772：145551.

[9] 张若梦. 对 LNG 清洁能源在交通运输业推广应用的思考[J]. 中国公路，2012（24）：122-123.

5 评估监测篇

2019 年 4 月 22 日，生态环境部等五部委联合下发《超低排放意见》，对照该意见的有关内容，首钢股份开展全工序对标、提标及整改工作，截至 2019 年 6 月，有组织排放指标、无组织管控治、清洁运输、DSC 系统等基本达到《超低排放意见》要求，具备了全流程超低排放评估监测条件。首钢股份向生态环境部提出评估监测的申请，进入评估监测程序。受首钢股份的委托，2019 年 7 月初，生态环境部环境工程评估中心、冶金工业规划研究院对其无组织管控治、清洁运输、DCS 建设等情况进行现场调研和评估；8 月下旬，中国环境监测总站按照《超低排放意见》内容对有组织污染源进行监测，同步对在线监测系统进行比对。因超低排放评估、验收内容较多，整个过程分步进行，历时 4 个月，结论为首钢股份已经全流程达到超低排放的标准。

5.1 有组织污染物排放评估

5.1.1 评估方式

利用以下 3 种方式对全厂所有有组织废气排放口就其达标性进行分析：①对于手工监测数据，分析其是否达到超低排放浓度限值要求；②对于在线监测数据，CEMS 连续 1 个月自动监测数据 95% 以上时段小时均值达到超低排放浓度限值要求，且 CEMS 设施安装、运行、设置符合规范要求，性能校准、校验和调试检测符合《固定污染源烟气（SO_2、NO_x、颗粒物）排放连续监测技术规范》规定，现场手工采样数据与 CEMS 监测结果比对后，经验证评估证明 CEMS 监测数据准确；③对于企业自行监测数据，分析《超低排放意见》附件 2 中规定的生产设施（未开展手工监测）是否达到超低排放浓度限值要求，分析《超低排放意见》附件 2 中未作规定的生产设施污染物排放浓度是否达到国家、地方排放标准或其他相关规定。

5.1.2　监测内容

1．有组织排放

对烧结机头、球团焙烧烟气、高炉出铁场废气和热风炉烟气以及轧钢热处理炉烟气等排放口监测 3 天,对其他排放口至少监测 1 天。监测期间,现场对主要排放口开展 CEMS 现场比对和通标校核,同步记录各产生污染源的主要生产设施工况和污染治理设施运行参数。

SO_2、NO_x 每天至少连续采样监测 1 小时,或等时间间隔采样获得具有代表性的污染物浓度小时均值;颗粒物针对工况至少采集 3 个实际样品。

此次监测共涉及超低排放改造有组织监测点位 60 个,其中,烧结、球团、炼铁、炼钢、发电工序涉及《超低排放意见》附件 2 规定的有 53 个排放口,现场监测 50 个排放口;轧钢工序涉及《超低排放意见》附件 2 规定的有 57 个排放口,现场监测 10 个排放口。

由于硅钢冷轧生产线的硅钢热处理炉存在 1 台设施有多个排放口的情形,但生产工艺基本相似,对于热处理炉采取抽测,选择排放烟气量较大的排放口开展现场监测,其中包括热轧加热炉烟气排放口 2 个、冷轧热处理炉烟气排放口 8 个。

对于未开展现场监测的《超低排放意见》附件 2 规定的生产设施,以企业自行监测结果判定其是否达到超低排放限值。

2．现场检查和资料核查

现场对 CEMS 设备开展全流程通标气检查,检查项目包含 SO_2、NO_x 和 O_2,内容包括示值误差和响应时间,以检查 CEMS 测试结果是否准确。调取在线设备的运行维护和质控记录、最近连续 30 天 CEMS 监测数据,检查排放口 CEMS 运行和质控是否符合相关规定要求,能否稳定、客观地反映污染源排放状况。

调取近一年的企业自行监测报告,对照钢铁企业超低排放指标限值表和国家、地方排放标准等进行规范性和达标分析。

5.1.3　手工监测结果分析

1．监测期间工况分析

监测期间（8 月 26 日—9 月 6 日）,各项污染治理设施运行正常、工况基本稳定。根据现场工况调查情况,监测期间炼铁、炼钢、轧钢等工序生产负荷均达到设计负荷的 90% 以上,满足《关于做好钢铁企业超低排放评估监测工作的通知》（环办大气函〔2019〕922 号）的要求。

一是分析了监测期间使用的洗精煤成分,结果显示全硫（St）含量为 0.31%~0.46%（收到基）,属于低硫煤。

二是分析了监测期间热风炉、套筒窑、热轧加热炉、冷轧热处理炉、CCPP 发电机组使用燃料成分，成分包括高炉煤气、焦炉煤气、转炉煤气、天然气。煤气成分分析结果显示，除 9 月 5 日高炉煤气的 H_2S 含量较高（37 mg/m³）外，其余时段的高炉煤气、焦炉煤气、转炉煤气中的 H_2S 含量较低，均小于 0.1 mg/m³。焦炉煤气中的硫主要以 COS、CS_2 形式存在，高炉煤气中的硫以 COS 为主，转炉煤气和天然气中的有机硫含量较低，有机硫浓度含量排序依次为焦炉煤气＞高炉煤气＞转炉煤气，且焦炉煤气中有机硫含量的最大浓度达到 134.6 mg/m³，高炉煤气中有机硫含量的最大浓度达到 51.2 mg/m³。总体来看，首钢股份外购焦炉煤气（迁安中化公司）的有机硫含量较高；自产高炉煤气经过 NaOH 脱硫后，H_2S 浓度较低，但有机硫并未脱除，含量仍较高。

2．监测结果分析

监测期间，通过对《超低排放意见》附件 2 中规定的生产设施排放口进行监测，结果显示 60 个手工监测排放口均达到超低排放限值（表 5-1）。

5.1.4　企业自行监测结果分析

首钢迁钢自行监测工作委托河北德禹检测技术有限公司进行，监测因子包括颗粒物、SO_2、NO_x、硫酸雾、铬酸雾、二噁英、氟化物、铅及其化合物、HCl、硫酸雾、铬酸雾、油雾等。

根据首钢迁钢 2019 年第一季度、第二季度自行监测报告，对《超低排放意见》附件 2 中未作规定的生产设施和污染物以及本次监测未涉及的有组织排放口监测结果进行统计，其中热电机组（DA001）、拉矫机除尘器（电磁 DA001）和 1#、2# 高炉料仓除尘（DA011）采取自动监测方式自行监测，无手工监测报告，以在线监测数据结果判定。

分析结果显示，所有排放口的污染因子监测结果均达到《钢铁工业大气污染物超低排放标准》或《超低排放意见》附件 2 排放浓度限值。

- 补充手工监测的老系统包括 1#~3# 烧结机尾、老系统 4#~6# 烧结机尾，颗粒物排放浓度分别为 3.9 mg/m³ 和 4.8 mg/m³。
- 在烧结/球团特征污染物浓度方面，烧结 1#~6# 99 m² 烧结机头、360 m² 烧结机头、球团一系列、球团二系列焙烧烟气中的二噁英排放浓度范围在 0.001 3~0.083 ng-TEQ/m³；氟化物排放浓度范围在 0.153~0.280 mg/m³；铅及其化合物排放浓度范围在 0.033~0.123 mg/m³。
- 在环境除尘方面，高炉煤粉制备除尘、高炉料仓小除尘、原煤系统除尘、翻车机除尘、汽车受料槽除尘、转运站除尘及炼钢精炼除尘、合金除尘、废钢切割除尘、屋顶除尘等环节的颗粒物排放浓度范围在 3.5~6.8 mg/m³，转炉一次烟气颗粒物排放浓度范围在 7.0~17.3 mg/m³。

表 5-1 首钢迁钢现场监测结果

序号	污染点源	治理设施名称及类型	收尘点位	排污口编号	监测频次	是否进行CEMS比对	实际风量/(m³/h)	生产负荷/%	监测结果(最大排放浓度)/(mg/m³)	是否达到排放限值
1	烧结	6×99 m² 烧结活性炭脱硫脱硝系统	烧结机焙烧烟气	球烧 DA005	监测3天，每天3个有效小时值	是	2 544 105	98.25~99.58	颗粒物：1.91 SO₂：6.67 NOₓ：31.58	是
2	烧结	熔燃破碎配料(环境)	融燃料配料区域	球烧 DA001		—	339 087	99.17	颗粒物：<1.0	是
3	烧结	老系统返矿°仓配料(环境)	返矿运输系统	球烧 DA008		—	291 476	98.13	颗粒物：<1.0	是
4	烧结	老系统尾链板机(环境)	机尾环境	球烧 DA003		—	363 573	98.13	颗粒物：1.85	是
5	烧结	老系统机头铺底料返矿(环境)	铺底料环境	球烧 DA002	监测1天，每天3个有效小时值	—	320 576	98.25	颗粒物：6.74	是
6	烧结	老系统一次筛分(环境)	筛分系统	球烧 DA004		—	275 770	98.25	颗粒物：1.09	是
7	烧结	老系统二次筛分(环境)	筛分系统	球烧 DA006		—	569 492	98.92	颗粒物：8.57	是
8	烧结	老系统预配料质系统(环境)	原料配料区	球烧 DA009		—	98 103	98.92	颗粒物：<1.0	是
9	烧结	360 平烧结脱硫脱硝系统	360 平烧结机机头	球烧 DA014	监测3天，每天3个有效小时值	是	1 100 000~1 680 000	92.01~93.21	颗粒物：2.88 SO₂：15.43 NOₓ：24.61	是

序号	污染点源	治理设施名称及类型	收尘点位	排污口编号	监测频次	是否进行CEMS比对	实际风量/(m³/h)	生产负荷/%	监测结果（最大排放浓度）/(mg/m³)	是否达到排放限值
10	烧结	二烧配料（布袋）	配料区域	球烧DA012		—	258 573	92.41	颗粒物：<1.0	是
11	烧结	二烧筛分（布袋）	成品筛分区域	球烧DA013	监测1天，每天3个有效小时值	—	326 372	92.41	颗粒物：1.88	是
12	烧结	二烧机尾环冷（布袋）	环冷区域	球烧DA015		—	664 203	91.5	颗粒物：6.37	是
13	球团	球团一系列配料除尘	球团一系列配料区域	球烧DA019		—	282 025	99.21	颗粒物：<1.0	是
14	球团	球团一系列链箅机烟气脱硫脱硝	球团一系列焙烧烟气	球烧DA020	监测3天，每天3个有效小时值	是	676 000~750 000	99.33~100	颗粒物：1.96 SO₂：21.71 NOₓ：11.13	是
15	球团	球团煤粉制备除尘	球团煤制粉	球烧DA021	监测1天，每天3个有效小时值	—	30 033	98.89	颗粒物：8.58	是
16	球团	球团二系列环境除尘器	球团二系列原料准备	球烧DA022		—	56 492	98.49	颗粒物：1.57	是
17	球团	球团二系列链箅机烟气活性炭脱硫脱硝	球团二系列焙烧烟气	球烧DA023	监测3天，每天3个有效小时值	是	1 060 000~1 180 000	98.09~100	颗粒物：2.70 SO₂：13.09 NOₓ：29.40	是
18	球团	球团成品除尘	球团成品区域	球烧DA024	监测1天，每天3个有效小时值	—	124 563	98.92	颗粒物：<1.0	是
19	炼铁	1#高炉料仓除尘（布袋）	矿槽	DA006		是	1 094 597	93.83	颗粒物：6.23	是
20	炼铁	1#高炉炉前除尘（布袋）	出铁场	DA007	监测3天，每天3个有效小时值	是	735 457~790 070	96.06~98.59	颗粒物：<1.0	是
21	炼铁	1#高炉炉顶除尘（布袋）	出铁场	DA008		是	292 698~405 266	96.06~98.59	颗粒物：2.42	是

序号	污染源点源	治理设施名称及类型	收尘点位	排污口编号	监测频次	是否进行CEMS比对	实际风量/(m³/h)	生产负荷/%	监测结果（最大排放浓度）/(mg/m³)	是否达到排放限值
22	炼铁	2#高炉料仓大仓除尘（布袋）	矿槽	DA013	监测1天，每天3个有效小时值	是	1 018 684	99.56	颗粒物：<1.0	是
23	炼铁	2#高炉炉前除尘（布袋）	出铁场	DA014	监测3天，每天3个有效小时值	是	708 108~721 656	97.02~99.70	颗粒物：<1.1	是
24	炼铁	2#高炉炉顶除尘（布袋）	出铁场	DA015		是	298 079~303 730	97.02~99.70	颗粒物：<1.2	是
25	炼铁	3#高炉料仓大仓除尘（布袋）	矿槽	DA020	监测1天，每天3个有效小时值	是	945 585	93.78~99.94	颗粒物：<1.3	是
26	炼铁	3#高炉炉前除尘（布袋）	出铁场	DA021		是	785 633~831 632	93.78~99.94	颗粒物：<1.4	是
27	炼铁	3#高炉炉前除尘1（布袋）	出铁场	DA022		是	862 548~883 176	93.78~99.94	颗粒物：<1.5	是
28	炼铁	3#高炉炉前除尘2（布袋）	出铁场	DA023		是	1 190 652~1 257 818	93.78~99.94	颗粒物：4.66	是
29	炼铁	3#高炉炉顶除尘（布袋）	出铁场	DA009	监测3天，每天3个有效小时值	—	357 276~415 521	98.64~99.57	颗粒物：5.50 SO$_2$：39 NO$_x$：78	是
30	炼铁	炼铁热风炉1		DA016		—	437 382~566 326	98.82~99.98	颗粒物：7.90 SO$_2$：33 NO$_x$：68	是
31	炼铁	炼铁热风炉2		DA024		—	440 784~528 412	93.78~99.94	颗粒物：2.13 SO$_2$：39 NO$_x$：69	是

序号	污染点源	治理设施名称及类型	收尘点位	排污口编号	监测频次	是否进行CEMS比对	实际风量/（m³/h）	生产负荷/%	监测结果（最大排放浓度）/（mg/m³）	是否达到排放限值
32	炼钢	一炼钢转炉二次除尘 1（布袋）	一炼钢铁水预处理	DA041	监测1天，每天3个有效小时值	是	547 798	99.6	颗粒物：<1.0	是
33	炼钢	一炼钢转炉二次除尘 2（布袋）	一炼钢铁水预处理	DA036		是	536 512	99.6	颗粒物：1.71	是
34	炼钢	一炼钢转炉二次除尘 3（布袋）	1#、2#转炉、屋顶除尘	DA034		是	703 271	100	颗粒物：<1.0	是
35	炼钢	一炼钢转炉二次除尘 4（布袋）	1#、2#转炉、屋顶除尘	DA042		是	452 198	100	颗粒物：<1.0	是
36	炼钢	一炼钢转炉二次除尘 5（布袋）	LF炉、RH炉	DA040		是	32	100	颗粒物：<1.0	是
37	炼钢	一炼钢转炉二次除尘 6（布袋）	3#转炉	DA044		是	50	100	颗粒物：1.45	是
38	炼钢	一炼钢转炉二次除尘 7（布袋）	KR、脱硫、高位上料	DA124		—	74	100	颗粒物：<1.0	是
39	炼钢	一炼钢转炉二次除尘 8（布袋）	屋顶	DA125		—	75	100	颗粒物：<1.0	是
40	炼钢	二炼钢转炉二次除尘 1（布袋）	4#、5#转炉、RH炉、LF炉	DA047		是	828 468	100	颗粒物：<1.0	是
41	炼钢	二炼钢转炉二次除尘 2（布袋）	4#、6#转炉、RH炉、LF炉	DA049		是	847 228	100	颗粒物：<1.0	是
42	炼钢	二炼钢转炉二次除尘 3（布袋）	二炼钢铁水预处理	DA053		是	934 055	100	颗粒物：<1.0	是
43	炼钢	二炼钢转炉二次除尘 4（布袋）	二炼钢铁水预处理	DA033		是	1 060 710	100	颗粒物：<1.0	是

序号	污染点源	治理设施名称及类型	收尘点点位	排污口编号	监测频次	是否进行CEMS比对	实际风量/(m³/h)	生产负荷/%	监测结果(最大排放浓度)/(mg/m³)	是否达到排放限值
44	炼钢	1#套筒窑窑顶除尘(布袋)	窑顶废气	DA117	监测1天,每天3个有效小时值	是	115 468	96.4	颗粒物: <1.0	是
45	炼钢	2#套筒窑窑顶除尘(布袋)	窑顶废气	DA118		是	107 093	96.4	颗粒物: <1.0	是
46	炼钢	3#套筒窑窑顶除尘(布袋)	窑顶废气	DA105		是	153 872	91	颗粒物: 7.28	是
47	热轧	热轧加热炉1#、2#	加热炉烟气	DA104		—	462 290~554 352	90.75~99.44	颗粒物: 5.80 SO₂: 36 NOₓ: 37	是
48	热轧	热轧加热炉3#、4#	加热炉烟气	DA106		—	119 601~129 097	99.10~97.17	颗粒物: 3.65 SO₂: 30 NOₓ: 30	是
49	硅钢事业部	一冷轧CAL退火炉1(连续脱碳退火机组)		电磁DA010	监测3天,每天3个有效小时值	—	14 506~16 590	92.32~99.84	颗粒物: <0.1 SO₂: 25 NOₓ: 121	是
50	硅钢事业部	一冷轧CAL退火炉2(连续脱碳退火机组)		电磁DA016		—	23 451~24 301	97.30~99.58	颗粒物: 1.98 SO₂: 23 NOₓ: 88	是
51	硅钢事业部	一冷轧CAL退火炉3(连续脱碳退火机组)		电磁DA022		—	20 173~21 884	92.13~99.80	颗粒物: <0.1 SO₂: 20 NOₓ: 113	是
52	硅钢事业部	一冷轧CAL退火炉4(连续脱碳退火机组)		电磁DA028		—	12 872~13 958	90.90~94.82	颗粒物: <0.1 SO₂: 14 NOₓ: 81	是
53	硅钢事业部	二冷轧APL退火炉1(连续常化酸洗机组)		电磁DA033		—	83 329~99 190	94.14~98.14	颗粒物: <0.1 SO₂: 3 NOₓ: 90	是

序号	污染点源	治理设施名称及类型	收尘点位	排污口编号	监测频次	是否进行CEMS比对	实际风量/(m³/h)	生产负荷/%	监测结果（最大排放浓度）/(mg/m³)	是否达到排放限值
54	硅钢事业部	二冷轧APL退火炉2（连续常化酸洗机组）		电磁DA036		—	33 327~42 314	93.66~98.14	颗粒物：<0.1 SO$_2$：<3 NO$_x$：74	是
55	硅钢事业部	高温环形退火炉1		电磁DA080		—	13 800~14 969	93.38~99.96	颗粒物：<0.1 SO$_2$：6 NO$_x$：55	是
56	硅钢事业部	高温环形退火炉2		电磁DA081		—	8 815~8 525	98.62~99.84	颗粒物：<0.1 SO$_2$：<3 NO$_x$：97	是
57	150 MW CCPP发电			DA002	监测3天，每天3个有效小时值	是	756 296~768 683	90.30~93.80	颗粒物：1.70 SO$_2$：12 NO$_x$：15	是
58	1#50 MW CCPP发电			DA004		是	1 710 943~1 784 337	95.13~97.46	颗粒物：1.03 SO$_2$：19 NO$_x$：29	是
59	2#50 MW CCPP发电			DA003		是	753 438~773 598	90.30~90.50	颗粒物：2.13 SO$_2$：13 NO$_x$：24	是
60	背压发电机组（15 MW）			DA005		是	298 355~387 431	92.31~93.84	颗粒物：2.87 SO$_2$：18 NO$_x$：20	是

- 在石灰窑生产环节，窑顶烟气中 SO_2 的排放浓度范围在 $4.4\sim15\ mg/m^3$，NO_x 的排放浓度范围在 $53\sim141\ mg/m^3$，其余产尘环节颗粒物排放浓度范围为 $5.3\sim6.2\ mg/m^3$。
- 在轧钢工序生产环节，热轧加热炉以及轧机除尘等环节的颗粒物排放浓度范围在 $3.2\sim6.2\ mg/m^3$，加热炉的 SO_2 排放浓度范围在 $3.7\sim15\ mg/m^3$、NO_x 的排放浓度范围在 $19\sim53\ mg/m^3$；特征污染物方面，氟化物排放浓度在 $0.064\ mg/m^3$、HCl 排放浓度范围在 $0.037\sim8.23\ mg/m^3$、硫酸雾排放浓度范围在 $2\sim8.93\ mg/m^3$、铬酸雾排放浓度范围在 $0.015\sim0.051\ mg/m^3$、油雾排放浓度范围在 $16.4\sim17.8\ mg/m^3$。
- 在硅钢生产环节，手工监测的 8 台热处理炉烟气氧含量均在 10%以下，折算后浓度满足超低排放限值要求。

5.2　无组织排放控制措施评估

5.2.1　物料储存无组织排放控制措施评估

1．物料储存控制措施配备情况评估

依据首钢迁钢无组织排放清单，现场对所有物料储存措施的符合性进行判断。目前，首钢迁钢所使用的精粉、石灰、除尘灰、焦粉、煤粉等 16 种粉状物料全部采用料仓、储罐等方式密闭储存，块矿、焦炭、煤炭等块状及黏湿物料均储存于 8 个封闭料场中，评估认为物料储存基本满足《超低排放意见》要求。

2．物料储存控制设施运行情况及有效性评估

对首钢迁钢涉及物料储存的 8 处料场/料棚现场核查发现，除料场出入口及主要受控通风口外，其余部位全部封闭，未见可见烟粉尘外逸。

除供煤料棚采用火车运输未设置汽车清洗外，其他 7 处料棚均配置了车辆清洗装置。汽车冲洗环节配备了摄像头，能监控车辆是否按照要求使用汽车冲洗装置。根据现场核查情况，在现场核查期内，冲洗设备与料场出口距离均在 5 m 以内，冲洗设备为高压冲洗，能够同时对车身及车轮进行清洗，效果良好，车辆及厂区道路未有明显的积尘现象。

5.2.2　物料输送无组织排放控制措施评估

1．物料输送控制措施配备情况评估

首钢迁钢物料输送无组织控制节点 2 059 项，其中粉状物料输送 95 项、块状或黏湿物料输送 1 964 项。

粉状物料输送方面，烧结、炼铁、石灰窑等工序产生的除尘灰、石灰均采用气力输

送至烧结配料室；炼钢、废钢切割环节的除尘灰采用罐车输送；烧结机头、球团焙烧烟气半干法脱硫产生的脱硫灰采用气力输送至脱硫灰缓冲仓，再由罐车收集外卖。全部粉状料输送环节均满足《超低排放意见》中的密闭输送要求。

块状及黏湿物料输送方面，核查期间发现的 1 964 项产尘点均实施了封闭改造并配备了捕集罩，基本符合《超低排放意见》要求。

2．物料输送控制设施运行情况及有效性评估

首钢迁钢无组织监测仪和无组织监测微站做到了全覆盖，块状及黏湿物料无组织落料点全部采用封闭+除尘的治理方式，其除尘器除停产检修外，均保持 24 小时开启。本次评估收集了 3 座高炉炉前和料仓除尘、一炼钢环境除尘、二炼钢环境除尘及精炼除尘等 12 座除尘器运行参数，基本覆盖了炼铁、炼钢全部物料输送环节的产尘点。通过分析这些收尘环节的除尘器近一个月的运行电流、电压、流量等历史数据情况，评估认为现场核查期内企业物料输送捕集装置的运行情况基本稳定，现场实际治理效果能够代表核查期内的正常生产情况。

以 N1-1 皮带机头落料环节为例，目前该落料点产尘经集尘罩收集后输送至一高炉出铁场除尘器进行处理，达标后排放。根据数据调查结果，该除尘器运行参数（电流、风量、压力）在近一个月内均保持稳定（图 5-1），并未出现明显的曲线波动，可以证明该除尘器 24 小时开启，现场核查时收集的情况能够代表日常生产情况，调查认为治理措施运行情况良好。

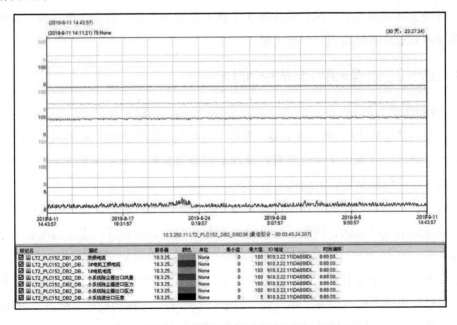

图 5-1　N1-1 皮带机头落料环节除尘器运行情况

此外，本次评估对物料输送环节的皮带机头、机尾和部分产尘点采用手持风速仪进行了抽测。抽测以烧结工序为重点，同时兼顾炼铁、炼钢部分具备检测条件的收尘环节。检测结果显示，捕集装置风速均在 1.3 m/s 以上，所抽查的捕集设备效果良好。以高炉压收转 N1 皮带机头为例，打开皮带机头收尘罩观察孔，将风速仪置于观察孔处（图 5-2），可以明显看到其负压收尘能够将风速稳定在 4 m/s 左右，由此认为目前具备检测条件的产尘点负压收尘效果良好。

图 5-2　风速仪现场检查情况

从现场实际效果来看，核查期间各收尘点未见明显可见的粉尘外逸，落料点周边、皮带通廊内部未见明显的积灰积料现象。

5.2.3　生产工艺过程无组织排放控制措施评估

1．生产工艺过程

对生产工艺过程中的 187 项主要产尘环节进行现场检查发现，破碎机、振动筛等环节均实现了封闭，并配备了除尘装置，现场治理效果良好，未见可见烟尘外逸的现象，基本满足《超低排放意见》中的相关要求。

烧结机、烧结矿环冷机、球团焙烧设备、高炉炉顶上料区、矿槽、高炉出铁场、混铁炉、炼钢铁水预处理区、转炉、精炼炉、石灰窑、白云石窑等产尘点均配备了除尘设施，除 4 台 RH 炉因通过屋顶罩捕集颗粒物而未配备独立除尘器外，其余产排污环节均采用独立除尘烟气捕集装置。高炉出铁场平台实现了半封闭，铁沟、渣沟加盖封闭。高炉炉顶料罐均压放散废气设置了煤气均压放散回收装置。废钢切割环节配备了封闭厂房，并采用了移动式集尘罩。现场设备封闭及除尘情况见图 5-3。

（a）1#高炉出铁场

（b）1#高炉渣沟

（c）1#高炉铁沟及摆动流嘴

（d）3#高炉西侧1#杂料筛分机

图5-3　现场设备封闭及除尘情况

2．工艺过程控制设施运行情况及有效性评估

与物料输送环节类似，首钢迁钢采用24小时最大风量开启除尘装置的方法来确保捕集能力，以1#高炉出铁场除尘器为例，根据检查该除尘器的运行参数，其电流、风量、压力在近一个月内均保持稳定，并未出现明显的曲线波动，可以证明该除尘器24小时开启，现场核查时收集的情况能够代表日常生产情况，因此可以认为治理措施运行情况良好且有效。经核查，在现场核查期内，全厂各除尘器均正常运行，现场烟尘捕集效果良好，产尘点及车间未见有可见烟粉尘外逸。

对于除尘装置捕集能力评估，采用第三方机构提供的"主要产尘点单位装备规格除尘能力对照表"，根据首钢迁钢各主要环节除尘装置设计风量进行计算、对比，结合生产实际情况，从单位装备规格、除尘能力来看，首钢股份的收尘能力满足生产要求。

从现场实际效果来看，在现场核查期内，各生产工艺环节未见明显可见的粉尘外逸，

振动筛、混合机、破碎设备周边未见明显积灰积料的现象；炼铁出铁场、铁沟渣沟封闭
情况良好，无烟尘外逸；炼钢厂房封闭情况良好，屋顶罩能够发挥收集瞬时突发烟尘的
作用；废钢切割环节除尘罩设计科学合理，厂房封闭情况良好。

5.2.4 无组织排放监测结果分析

1．监测内容

废气无组织排放监测点分为厂内车间监控点和厂界监控点两类。其中，厂内车间无
组织监控点 10 个（分别在烧结、球团、炼铁工序布设，炼钢、轧钢车间因未负压而不具
备布点条件），厂界监控点位置依据当日主导风向，在上风向布设 1 个点位、下风向布设
3 个点位（表 5-2）。监测时间为 2019 年 8 月 26—30 日、9 月 1—6 日，共 11 天。

表 5-2　废气无组织监测内容

项目	监测点位	点位编号	布设位置说明	监测项目	监测频次
6×99 m² 烧结	厂房门窗边	○1～○2	原料筛分处，烧结不具备布设条件	颗粒物	监测 11 天一天 4 次
360 m² 烧结	厂房门窗边	○3～○5	配料车间设 2 个，烧结设 1 个（仅 1 处可设）		
球团	厂房门窗边	○6～○7	造球车间 2 个系列各设 1 个		
高炉	出铁场门窗边	○8～○10	3 个控制室门前各设 1 个		
转炉	厂房门窗边	—	车间负压，不具备条件		
热轧	厂房门窗边	—	车间负压，不具备条件		—
硅钢	厂房门窗边	—	车间负压，不具备条件		
厂界	厂界外 1 m	○11～○14	上风向布置 1 个、下风向布置 3 个	颗粒物	监测 11 天一天 4 次

2．结果分析

监测结果显示，10 个车间监控点的颗粒物无组织最大排放值为 1.44 mg/m³，厂界监
控点的颗粒物无组织最大排放值为 0.96 mg/m³，均未超过河北省地方标准《钢铁工业大气
污染物超低排放标准》中分别规定的 5.0 mg/m³ 和 1.0 mg/m³ 的标准限值。

5.3 环境空气质量及走航监测结果分析

5.3.1 环境空气质量监测

环境空气质量监测结果（表 5-3）显示，位于厂区东侧的洼里、厂区南侧的松汀村、
厂区西北侧的龙山派出所监控点位的颗粒物日均浓度值均出现超标现象，最大值为 TSP

0.481 mg/m³、PM₁₀ 0.214 mg/m³，超过《环境空气质量标准》（GB 3095—2012）二级标准限值要求，超标原因为交通扬尘、首钢迁钢污染物排放及其他不利气象条件；所有监控点的 SO₂、NO₂ 日均值均达到《环境空气质量标准》二级标准限值要求。

表 5-3　环境空气质量监测内容

编号	点位名称	布设位置说明	方位	监测内容	监测频次
1	洼里	居民屋顶（需企业联系）	E	TSP	连续监测 11 天，每天连续采样18 小时以上
2	龙山派出所	大院接电方便处	NW	PM₁₀	
3	首钢矿山医院	二层小楼屋顶	N	SO₂	
4	松汀村	学校教学楼外	S	NO₂	

5.3.2　走航监测

外环境线走航监测结果显示，当存在微风等不利气象条件时，首钢迁钢所在地区在近地面至 500 m 高空形成一个污染带，所监测颗粒物浓度随时间变化的趋势与厂内手工监测结果和在线数据监测结果基本一致。

厂区边界线走航监测结果显示，厂区西南部的烧结-球团作业区和北部的白灰窑作业区近地面出现过监测值较高的情况，与布设于烧结机楼 7 层窗外的 3# 手工监测点监测结果一致。

车间监控线（主要为高炉两侧）走航监测结果显示，厂区内存在 100 m 左右的高架源，其主要区域为高炉区、球团-烧结区，所排废气中的污染物以粗颗粒物为主，扩散高度超过500 m。厂内烧结-球团区、白灰窑区出现了污染较重的情况（图 5-4），应特别注意管控。另外，易形成污染带的高架源，如高炉区、球团-烧结区等也应长期加强污染源排放监管。

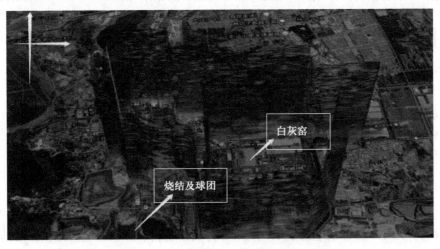

图 5-4　8 月 29 日厂界走航数据局部放大图

5.4 清洁运输情况评估

5.4.1 评估方法

1．清洁运输比例核算

依据近三个月大宗物料（包括铁精矿、煤炭、焦炭、废钢及外购烧结矿、外购球团矿、石灰石/石灰）、钢渣、水渣和产品（包括钢材、外售中间产品等）的运输台账，计算清洁运输所占比例是否满足高于80%的要求。

清洁运输比例采用式（5-1）进行计算：

$$\eta = \frac{A+B}{C+D} \tag{5-1}$$

式中，η —— 企业超低排放清洁运输比例，%；

A —— 企业评估期内采用清洁运输的大宗物料运输量，包括铁精矿、煤炭、焦炭、废钢、钢渣、水渣及外购烧结矿、外购球团矿、石灰石/石灰等，万 t；

B —— 企业评估期内采用清洁运输的产品运输量，包括钢材、外售中间产品等，万 t；

C —— 企业评估期内全部大宗物料运输量，包括铁精矿、煤炭、焦炭、废钢、钢渣、水渣及外购烧结矿、外购球团矿、石灰石/石灰等，万 t；

D —— 企业评估期内全部产品运输量，包括钢材、外售中间产品等，万 t。

同时，还现场核查了所有大宗物料和产品运输方式，核验同期进出厂大宗物料生产消耗数据，抽查部分原始票据和凭证，并与运输台账记录校核。

2．剩余汽车运输部分车辆排放标准分析

依托唐山市重点企业门禁监控系统，统计分析进出厂运输车辆是否全部采用新能源或国六排放标准（2021年年底前可采用国五排放标准）。

3．厂内非道路移动机械调查

开展厂内非道路移动机械摸底调查和编码登记，依据唐山市对非道路移动机械排放控制区等的相关要求分析其符合性。

5.4.2 近三个月清洁运输比例核算

1．清洁运输比例核算结果

依据式（5-1）和首钢迁钢2019年6—8月大宗物料和产品运输台账核算清洁运输比例，结果详见表5-4。

表 5-4 首钢迁钢 2019 年 6—8 月大宗物料产品的清洁运输比例

名称		运输方式	6 月	7 月	8 月
铁精矿	自产粉/万 t	火运	26.500 1	21.630 8	27.155 2
		皮带	9.409 8	12.328 2	12.840 7
	地方粉/万 t	火运	4.169 6	3.215 8	3.619 9
	秘鲁加工粉/万 t	皮带	4.018 7	1.857 4	3.487 6
	进口矿/万 t	汽运	5.500 4	5.030 0	4.581 6
		火运	47.971 2	43.376 3	48.003 5
燃料类	喷吹煤/万 t	火运	10.470 8	9.494 1	11.809 4
	球烧煤/万 t	火运	2.038 1	1.243 1	1.898 7
	焦炭/万 t	皮带	22.415 7	20.159 2	22.384 8
辅料类	外购废钢/万 t	汽运	4.666 7	4.996 6	4.350 2
	石灰石/万 t	汽运	2.694 8	3.318 6	4.092 6
原辅燃料小计/万 t			139.855 9	126.650 0	144.224 3
固废	水渣/万 t	皮带	14.838 4	11.574 7	15.001 8
	钢渣/万 t	火运	8.094 0	8.316 3	9.319 5
钢材	产品发运/万 t	汽运	29.418 6	23.805 8	28.996 8
		火运	26.104 9	27.124 6	28.185 0
产品外发小计/万 t			55.523 5	50.930 4	57.181 8
合计		汽运/万 t	42.280 5	37.151 0	42.021 2
		火运+皮带/万 t	176.031 3	160.320 4	183.706 2
		总计/万 t	218.311 8	197.471 4	225.727 4
		清洁运输比例/%	80.6	81.2	81.4
单位产品运输量/(t/t 产品)			3.93	3.88	3.95

数据来源：首钢迁钢运输台账。

由表 5-4 可知，首钢迁钢在评估周期内（2019 年 6—8 月）大宗物料和产品的清洁运输比例分别为 80.6%、81.2%、81.4%，均大于 80%，达到《超低排放意见》中对大宗物料产品清洁运输的要求。评估周期内单位产品的运输量在 3.88～3.95 t/t 产品之间，与 2019 年上半年平均水平（3.87 t/t 产品）基本相当。

2.清洁运输核查

现场对粗破站、迁钢站、82 m 站、成品发送库及大石河铁矿、迁焦公司、嘉华公司皮带秤进行核证，铁精矿（包括自产粉、地方粉、秘鲁加工粉和进口矿）中仅有部分进口矿为汽车运输，其余均为火车或皮带运输；燃料类大宗物料（包括喷吹煤、球烧煤、焦炭）全部为火车或皮带运输；辅料类大宗物料（包括废钢和石灰石）全部为汽车运输；副产品钢渣和水渣分别采用皮带和火车运输到下游生产单位加工综合利用；钢材产品外售涉及汽车运输和火车运输。大宗物料和产品运输方式与表 5-4 中的信息一致。

通过将首钢迁钢 2019 年 6—8 月原辅燃料消耗量与同期进入厂区的大宗物料运输量进行比对，扣除库存、铁矿和煤含水率变化等影响因素，结果显示：进入厂区的大宗物料运输量与实际生产消耗量基本一致，表5-4中的清洁运输比例核算数据基本可以真实地反映评估期间大宗物料的运输情况。

遵循随机抽取、分类全覆盖的原则，对2019年8月的火车、皮带运输全部票据和当月随机1天（8月12日）的汽车运输票据进行校核，运输台账与票据运输量完全一致。

5.4.3 厂内非移动机械道路运输符合性分析

首钢迁钢厂内车辆共计78辆，其中运输类车辆39辆、工程机械类车辆39辆。按排放标准划分，运输类车辆中，国三及以下标准车辆7辆、国四标准车辆10辆、国五标准车辆19辆、电动车3辆；工程机械类车辆中，国二标准车辆17辆、国三标准车辆12辆、电动车10辆。公司已经将运输类车辆中，国三及以下标准的7辆车替换为国五柴油车，并淘汰国四车辆，工程机械类17辆车中国二标准车型购置替换为国三标准和新能源车型。完成车辆置换后，首钢迁钢厂内汽车运输类车辆全部为国五标准车辆，工程机械类全部为国三标准和新能源车型，属于国内先进水平。

2019年7月，生态环境部发布《关于加快推进非道路移动机械摸底调查和编码登记工作的通知》（环办大气函〔2019〕655号），迁安市目前正在按照唐山市要求划定非道路移动机械低排放控制区。首钢迁钢已完成厂内非道路移动机械编码登记工作，并在生态环境部门完成备案。

5.5 监测监控符合性评估

首钢迁钢自主开发IndustrialSQL Server™实时工厂历史数据库，将全厂环保设施运行参数和相关生产过程主要参数集中至数据库统一控制，通过简单点击可方便地访问实时和历史的工厂数据。同时，将该系统中烧结机机头、烧结机机尾、球团焙烧、高炉矿槽、高炉出铁场、铁水预处理、转炉二次烟气、套筒窑、CCPP和背压机组的历史趋势集成在首钢迁钢生产环保指挥中心系统集中显示，符合《超低排放意见》中的相关要求。

首钢迁钢在全部料场出入口、烧结机环冷区域、3座高炉矿槽和炉顶区域、一炼钢和二炼钢厂房车间顶部等主要易产尘点均安装了高清摄像头，可在各生产车间主控室进行监控，并具备储存3个月以上的能力，符合《超低排放意见》中对高清监控视频的要求。

厂区内部在振筛、破碎、下料、易扬尘皮带等产尘点周边安装了116套无组织排放监测仪，主要监测因子为TSP；在运输道路两侧共布设125套空气质量监测微站对颗粒物等进行监控，其中厂区道路空气质量监测设备（6因子）31套。监测数据通过生产中心无组织集中管控平台集中监管（图5-5）。空气质量监测微站按照网格化原则布点，基本覆盖了厂区主要道路。空气质量监测微站建设基本符合《超低排放意见》对监测监控的要求，后期仍需根据污染物扩散规律进一步提升布点密度。

（a）360 m² 烧结机脱硫脱硝 DCS 系统

（b）360 m² 烧结机机头电除尘器控制系统

（c）炼钢 DCS 控制系统

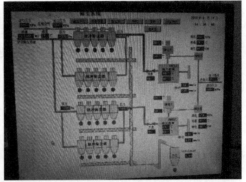

（d）炼钢除尘器运行参数记录

（e）无组织集中管控平台

图 5-5　无组织废气集中监控情况

5.6 环保管理情况评估

5.6.1 环保手续履行情况

2003 年 4 月 30 日，河北省环境保护局以冀环管〔2003〕108 号批复了首钢搬迁转移项目（200 万 t），并于 2005 年 12 月 22 日以环验〔2005〕062 号文件发布了验收结果。2011 年 4 月 18 日，环境保护部以环审〔2011〕99 号批复了首钢迁钢结构调整项目（600 万 t/a），于 2019 年 8 月开展了自行验收，并通过专家审查会验收，验收材料完成网络公示。

5.6.2 重大环境污染事故情况

依据《唐山市环境保护局迁安市分局关于首钢迁钢环保守法有关情况的说明》，2016 年 9 月以来，首钢迁钢近年未发生重大污染事故和生态破坏事故。

5.6.3 企业信用情况

通过查询国家企业信用信息公示系统，首钢迁钢未被列入失信企业名单。

5.6.4 环境管理情况

首钢迁钢按照《北京首钢股份有限公司环境保护责任制》等相关制度设置了环境管理机构，将环境保护责任落实到党委书记、总经理、副总经理（助理）、环境保护部及其他各部门，其中环境保护部负责全公司环保管理工作，在岗人员 24 人（含监测站 10 人）。

首钢迁钢建立了较为完善的环保管理制度和环境管理体系，制定了《北京首钢股份有限公司环境监测管理制度》《北京首钢股份有限公司排污许可证管理制度（试行）》《北京首钢股份有限公司污染防治管理制度》《北京首钢股份有限公司环境保护责任制》《首钢股份公司迁安钢铁公司土壤污染防治工作方案》等环境管理制度，于 2018 年 7 月 12 日通过了 ISO 环境管理体系认证以及清洁生产审核，整体环境管理水平较高，具备持续达到超低排放标准管理要求的能力。

5.6.5 排污许可证执行情况

2018 年，首钢迁钢以排污许可证为基准，依据《排污单位自行监测技术指南 钢铁工业及炼焦化学工业》（HJ 878—2017）和《排污许可证申请与核发技术规范 钢铁工业》（HJ 846—2017）的有关要求，开展自行监测、台账记录等工作。其中，自行监测方面，委托第三方监测机构开展手工监测，同时建设自身监测队伍；台账记录方面，充分利用管控系统实现对各类治理设施、排放情况等的信息化管理；执行报告方面，排污许可信息平台系统按时限要求和频次提交执行报告。

参考文献

[1] 梁田. 基于生命周期评价的典型钢铁企业环境影响评估及绿色发展研究[D]. 郑州：郑州大学，2020.

[2] Griffin P W，Hammond G P. Analysis of the potential for energy demand and carbon emissions reduction in the iron and steel sector[J]. Energy Procedia，2019，158：3915-3922.

[3] 赵春丽，许红霞，杜蕴慧，等. 关于推进我国钢铁行业绿色转型发展的对策建议[J]. 环境保护，2017，45（Z1）：41-44.

[4] 吴铁，吕晓君，董峥，等. 德国钢铁行业环境管理及对我国转型的启示[J]. 环境影响评价，2017，39（3）：24-26.

[5] Ma X，Ye L，Qi C，et al. Life cycle assessment and water footprint evaluation of crude steel production：A case study in China[J]. Journal of Environmental Management，2018，224：10-18.

[6] 张海丽，赵锋. 我国绿色道路运输发展问题研究[J]. 交通企业管理，2014，29（8）：47-49.

[7] 卢熙宁，田澍，刘涛. 钢铁行业新排污许可制度研究与实施路径浅析[J]. 冶金经济与管理，2017（1）：51-53，56.

[8] Long Y，Pan J，Farooq S，et al. A sustainability assessment system for Chinese iron and steel firms[J]. Journal of Cleaner Production，2016，125：133-144.

[9] 王志荃. 关于钢铁行业排污许可证申报要点的研究[J]. 资源节约与环保，2019（2）：129.

[10] Olmez G M，Dilek F B，Karanfil T，et al. The environmental impacts of iron and steel industry：a life cycle assessment study[J]. Journal of Cleaner Production，2016，130：195-201.

6 日常管理篇

6.1 环保管理机构及人员设置

6.1.1 环保管理机构

首钢股份高度重视管理体系建设，形成了以经理办为核心的环境管理网络体系；设有环保管理委员会，总经理任组长，负责公司环保规划、重大事项的审批；公司一名副总经理主管环保工作并兼任环保总监。首钢股份于2017年在全国率先成立了环境保护部，负责公司日常环保管理、监督检查和重大事项办理工作（图6-1）。

公司环保管理分为"五级"，即公司—职能部门管理层—作业部级管理—作业区级管理—班组管理。

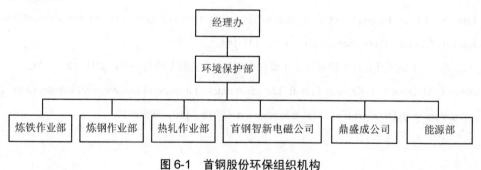

图 6-1 首钢股份环保组织机构

6.1.2 环保管理人员设置

首钢股份环境保护部设置专职环保管理人员14人，各层级部门设置专职或兼职环保管理人员1~2人。

6.1.3 各层级环保机构及人员设置要求

首钢股份由一名副总经理主管环保并兼任环保总监。环保部门管理人员至少为环保工程师职称。

环保机构设置要求如下：

● 设立独立的环保管理机构——环境保护部，机构内环保主管领导 2 人，专职环保管理人员 12 人，职称至少为中级；

● 各作业部应设立环保管理机构，机构内环保主管领导 1 人，专职环保管理人员 1 人，职称至少为初级；

● 各作业区设置兼职环保管理人员 1 人；

● 班组设置兼职环保管理人员 1 人。

6.2 各层级环保管理人员职责分工

6.2.1 总经理

● 对公司的环保管理工作负全面责任。

● 贯彻执行国家相关环保法律、法规，保证生产运营的正常进行，公司作出重大决策时，充分考虑环保，并从人力、物力、财力方面给予保障。

● 督促各分管副总经理在分管范围内落实环保职责，并作为对其业绩进行考核的一项重要依据。

● 负责主持公司重大环保工作会议，听取环保工作汇报，及时研究解决有关环保的重大问题。

● 负责健全公司环境管理机构，建立健全并督促落实公司各级环保责任制。

● 负责组织制定公司环保工作长远规划、环保方针目标、环保考核体系，并监督实施。

● 协调组织较大及以上级别突发环保事件应急救援和处理处置。

6.2.2 主管环保副总经理

● 贯彻执行国家环保政策和法律法规，对公司环保工作负直接领导责任。

● 负责组织推进环境管理自律体系的建设和清洁生产源头减污工作。

● 协助总经理做好企业环保规划、环保目标、环保考核体系的制定，并负责监督落实；监督检查各级环保责任制的制定及落实。

● 协助总经理健全管理机构、配备环保管理人员，建立健全环保管理制度。

● 组织、督促重大突发级别环境事件隐患的整改。

● 主持公司环保工作例会，传达贯彻上级有关环保政策、文件，总结、部署环保工作。

- 组织较大及以上突发级别环境事件应急救援和调查处理。
- 了解掌握公司环保动态。

6.2.3 环保部门

- 负责环保相关法律法规、标准规范的获取、研究，组织贯彻落实国家、上级政府环保政策和相关法律法规；组织制定、修订公司级环保管理制度。
- 负责制定公司环保工作计划并监督检查；负责组织公司环保工作会议，总结、布置环保工作；督促相关部门落实环保责任制。
- 负责审核公司年度环保措施项目计划；参与与环保新技术、新工艺、新设备、新材料等有关的重大环保技术方案及措施的审查和论证。
- 负责组织公司级环保教育和培训。
- 负责企业污染减排计划实施，提供工作技术支持，监督各单位项目实施进度；协助开展污染减排核查工作。
- 负责组织并实施巡查和环保审计，巡查各单位生产设施、污染防治设施及存在环境安全隐患设施的运行情况，监督各级环保管理人员的职责落实。
- 协助项目建设单位申报和办理环保"三同时"手续。
- 负责监督指导各单位环保工作，推动各单位清洁生产工作；组织推进环保技术专家库建设。
- 每季度向上级环保部门报告污染物排放情况，污染防治设施运行情况及污染物减排项目实施情况，接受上级环保部门的指导、监督，并配合检查工作。
- 组织、监督各单位开展自行监测工作。
- 组织、监督各单位开展环境统计工作。
- 组织各单位开展环境信息公开工作。
- 组织各单位突发环境事件应急预案的评审、备案；负责监督各单位环保应急预案的制定，组织协调较大及以上级别突发事件的处理。
- 协助相关领导做好突发环境事件应急处理工作，协调组织事件的调查处理及监督工作。
- 组织对环保先进的评选、宣传及表彰，及时组织总结推广环保先进经验。
- 负责对各单位环保工作的绩效考核，对违法、违章、违规等现象进行处罚。

6.2.4 环保管理人员职责

- 负责制定并监督本单位的环保工作计划和规章制度的执行。
- 负责污染减排计划实施和工作技术支持，协助污染减排核查工作。

- 负责监督本单位污水、废气、固体废物、厂界噪声排放达标情况。
- 协助组织编制本单位新建、改建、扩建项目，执行环境影响评价与"三同时"计划，并予以督促实施。
- 负责检查并掌握本单位污染减排情况。
- 负责定期向公司环保部门报告污染物排放情况、污染防治设施运行情况和污染减排情况，每月一次；接受上级环保主管部门的指导和监督，并配合环保主管部门监督检查。
- 协助开展清洁生产、节能节水等工作。
- 协助编写本单位突发环境事件应急预案，发生突发性环境污染事件时及时向当地环保部门报告，并进行处理。
- 负责环境统计工作。
- 负责组织对本单位职工的环保知识培训。

6.2.5 岗位工人职责

按照公司环保管理制度，对生产工艺环保现场实施管理，确保公司正常生产，污染治理设施正常运行，污染物达标排放。

6.3 规章制度建设

公司环境保护部负责公司级环保管理制度的编制、下发与修订，负责环保管理制度的宣贯以及对各单位制度执行情况的检查。各单位负责编制本部门相应的环保管理办法或工艺操作规程，负责制度培训、定期评审与修订等。

此外，该部门还应按照新获取法律和其他政策要求及时修订公司环保管理制度，明确公司环保工作中的职责、权限和工作流程，指导各单位开展环保管理、生产过程控制及污染治理工作，实现"预防为主、防治结合、综合治理"这一环保工作宗旨。

结合企业实际排污情况和环保管理重点工作，公司编制的环保管理制度主要分为以下几类：

- 环保基础管理制度，包括环保责任制度、环保例会制度、排污申报制度、排污许可证制度、环保培训制度、企业环境管理监督人员管理制度、环保法律法规获取制度、环境信息公开管理制度、环保档案管理制度、建设项目环评与"三同时"管理制度、辐射项目环保管理制度、环保巡检制度、环保考核与奖惩制度、环保责任追究与奖惩制度。

- 污染防治制度，包括废水、废气、固体废物、噪声等污染物防治管理制度，污染治理设施管理制度，在线监控设备管理制度，排污口规范化管理制度，环境监测管理制度。
- 应急管理制度，包括突发环境事件应急预案、危险废物泄漏应急预案、重污染天气应急预案、突发环境事件信息报告制度、企业与周边社区和媒体等利益相关方的环保公共关系沟通管理制度。
- 其他环保管理制度。

6.4 日常管控

首钢迁钢以健全各项规章制度、监督考核多项并举为原则，开展日常环保管控工作。首先，不断完善环保管理制度，形成了以环保责任制为基础的 16 项环保专业管理制度，并根据国家法律法规及要求的变化不断更新，形成了完善的制度约束体制。其次，强化现场监督管理，成立以公司副总经理为组长的周绿色行动检查小组，每周进行综合性环保检查，深入整治现场环境，对检查发现的问题立即督促整改，并对照相应环保制度落实考核。再次，健全和完善专业考核体系，充分利用绩效评价体系和专项考核标准，进行综合考评，激励与考核并重，充分调动全体员工对环保工作的积极性和主动性。最后，形成内外联动的新模式，对内建立环境应急体系，形成部门联动，提高环保管控能力；对外与冶金工业规划研究院、河北省环境科学学会等单位建立合作关系，充分利用环保专家和管家平台提供的技术支持快速反应联动，提升综合环保水平。

6.5 培训提升

为增强全体员工的环保意识和环保责任感，提高公司环保管理水平和环保应急处置能力，首钢迁钢通过开展环保培训，使与公司形成劳动关系的人员、进入公司的外来承包商、施工人员、实习人员都具备了相应的能力和符合工作需要的环保意识，防止和减少了各类突发环境事件的发生。

公司环境保护部负责公司级环保专业培训计划的制定与实施；各单位根据实际情况及培训需求，制定本单位环保知识培训计划，组织完成相应的培训任务，建立人员培训档案；党群工作部负责环保宣传等工作。

首钢迁钢的内部培训按照培训对象分为环保管理人员培训、岗位操作人员培训及其他人员培训三类，培训内容主要有国家环境保护法律、法规、标准、制度和其他要求等，公司的环保管理制度及污染控制要求等，公司或部门的环保基本情况、生产特点，环境保护工作的重要意义、环保管理知识（包括现场管理、固体废物管理、环境安全管理等）、环境风险目标、环境风险评估知识，重要环境因素控制措施，突发环境污染事件应急救援预案，重污染天气、危险废物泄漏、污染事件处置措施、现场处置方案，ISO 14001 环境标准、危险废物管理、清洁生产等相关知识，有关环保案例以及其他环保相关知识，环保新技术、新工艺，等等。

7 效果篇

7.1 环境效益

首钢迁钢实施的超低排放改造环境效益明显。一是实现了全工序超低排放，各排放口污染物排放浓度稳定达到河北省下发的《钢铁工业大气污染物超低排放标准要求》，而且排放浓度更低。二是大幅削减排放总量，2018 年污染物实际排放量分别为颗粒物 4 523 t、SO_2 2 264 t、NO_x 5 478 t，实施超低排放改造后，2019 年实际排放量分别为颗粒物 3 784 t，SO_2 900 t，NO_x 2 464 t，减排比例分别达到 16.34%、60.25%、55.02%。三是感官环境绩效提升明显，烧结、球团全部采用干法、半干法脱硫脱硝治理技术，消除了烟囱大量蒸汽及拖尾现象；高炉均压煤气放散全回收，消除了高炉煤气均压放散无组织排放现象。

7.2 社会效益

伴随着超低排放改造任务的完成，首钢迁钢的排放指标不断稳定，总量削减效果不断显现，全国钢铁企业交流沟通日益密切。首钢迁钢实施的系列改造项目和管理创新越来越多地受到广大同行的认可，起到了对全国钢铁企业超低排放工作的引领示范作用。企业环保知名度不断提高，各地钢铁企业纷纷联系参观交流，随着交流规模范围的不断扩大，钢铁生产经营各领域的信息互通更加顺畅，为首钢迁钢全方位提升奠定了坚实基础。

7.3 经济效益

实施超低排放存在着初期项目投资大、后期运行维护成本高等系列问题，但从另外的角度来分析，超低排放的全面实现在一定程度上也产生了不可估量的经济效益。一方面，超低排放的全面实现必然提高企业的环境绩效水平，从而在区域差异化管控中显现优势，优先享受差异化管控的优惠政策，对钢铁生产最为重要的稳定连续就可以得以保证，进而降低了频繁启停生产设施，特别是大型生产设施带来的经济损失。另一方面，超低排放实现以后，排放指标远低于现行标准，可以充分享受环境税达标减免政策，大幅降低税额。2019 年以来，首钢迁钢仅环境税一项就累计享受优惠达 570 余万元。

7.4　知识产权

通过超低排放改造的实施，首钢迁钢形成专利 11 项，其中授权实用新型专利 3 项、授权发明专利 3 项、受理发明专利 5 项。在源头治理中取得的高炉煤气均压放散全回收、高炉煤气零放散、高炉煤气洗净等专利技术认证在业内被普遍关注。

8 展望规划篇

8.1 持续提升

首钢迁钢将不断巩固超低排放深度治理成果，着力提升全工序超低排放管控水平。在无组织管控治平台搭建和智慧环保平台管理方面进一步完善监控、治理设施，缩短响应时间，提高自动化、智能化水平。

加快推进清洁运输及内部车辆清洁能源化进程，淘汰落后车型，新增新能源动力移动工程机械车；加快推进倒运车辆新能源化；国五标准以下运输车辆禁止进出厂区；安装尾气监测仪；加大人工尾气抽测检查力度，不达标的一律清除出厂；加大清洁运输管控能力，与铁路系统加强合作，签订战略协议，增大火运运力，力争火运比例达到 85%以上。

与北京科技大学等单位合作，着手实施高炉煤气有机硫深度脱除治理中试项目，深入推进源头治理。针对当前行业内普遍关注且难以解决的半干法脱硫灰，经与北京科技大学合作已完成前期试验，实验室达到预期效果，目前正在推动加快工业应用进程。

8.2 推广应用

首钢迁钢在超低排放路线选择、实施过程中避开弯路，顺利实现全工序超低排放。围绕源头治理、末端治理和过程管控，形成了特有的技术体系和管理体系，大量专利技术具有极高的推广应用价值。这些技术的推广对推进钢铁行业超低排放改造将起到积极作用。在今后发展的几年里，首钢迁钢将积极完善环境保护及污染治理技术队伍建设，大力组织实施技术输出，带动和帮助更多钢铁企业寻求合适的技术路线，打造特点鲜明、稳定达标排放、减排效果突出的钢铁绿色制造全新模式。

结　语

　　首钢迁钢全流程超低排放目标已经实现，我们将通过技术引领、管理创新进一步提升环保水平，实现环保设施装备最优配置，同时打造一支具有优秀管控能力的管理、操作团队。

　　我们将秉持环境优先理念，以生态环境部政策文件为准绳，严格按照环保标准要求持续推进环保治理，着力解决行业中存在的突出环保问题，积极引导钢铁企业采用先进环保治理技术，形成技术工艺先进、稳定达标、可复制、可推广的钢铁企业环保治理模式，推动我国钢铁行业尽快实现超低排放，削减钢铁行业排放总量，向打赢大气污染防治攻坚战目标快速迈进。